密碼大揭祕

法老時代到量子世界的密碼全紀錄

Codebreaker: The History of Codes and Ciphers, from the Ancient Pharaohs to Quantum Cryptography

史蒂芬・平考克 Stephen Pincock／著
林潔盈／譯

好讀出版

目　次・Contents

引言

現代人的身邊充斥著各式各樣的加密技術。我們每撥打一次行動電話、有線電視的每一個頻道，或是從自動櫃員機提領現金，都依賴著複雜的電腦加密以避免他人窺看偷聽。然而，保密方式並非現代人所獨享，在過去兩千多年以來，不論在政治、血腥戰場、暗殺活動與打擊犯罪等方面，代號與密碼都扮演了非常重要、甚至決定性的角色。戰場勝負、帝國興衰與個人生涯的崛起與殞落，都會受到祕密訊息所左右。密碼專家專門將訊息意義隱藏在代號或密碼之間，而機敏狡黠的破譯專家則致力破解代號與密碼並揭露其中所隱藏的意涵，由於密碼攸關重大，兩者之間存在著永無止息的激烈戰爭，自然也就不令人意外。

密碼專家每發明了新的代號或密碼，破譯專家就陷入一片黑暗之中，原本很容易就可以破解的訊息，突然之間變得令人費解，高深莫測。然而，這場戰爭是永遠打不完的。只要懷抱著堅持不懈的態度，或是因為靈光乍現而有了靈感，破譯專家總會在重重盔甲中找到隙縫，並由此不屈不撓地繼續鑽研，直到祕密訊息再次展現眼前為止。

踏入破譯工作的人才，不論男女都具有許多類似的特質，讓他們能夠從事這種困難且往往是相當危險的工作。首先，他們通常均有驚人的原創思維。阿蘭·圖靈（Alan Turing）是史上最偉大的破譯專家之一，他在二次世界大戰期間的表現，造成戰況急轉直下，而這位破譯專家也是當時數一數二的思想家。

破譯專家能有多成功，也與他們自我激勵的能力有關。世上沒有其他事情，比祕密更能讓人著迷，而對有些破譯專家來說，努力解密的過程常常就已經是夠充分的動機，不過破譯專家也會受到其他激勵因素所影響，如愛國精神、報復、貪婪或是對於知識的渴求。

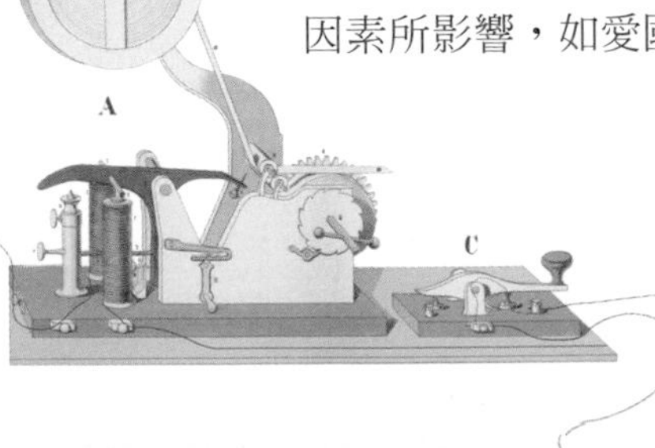

揭露代號與密碼的意涵，光靠一時興趣是不夠的。雖然早期凱撒所使用的字母變換加密，現在看來是既幼稚又容易破解的密碼，不過在當時，凱撒的敵人卻得孜孜以求才能解開凱撒的加密訊息。實際上，大多數所謂的解碼員無法鍥而不捨地堅持下去，才是許多密碼未能被破解的原因。

速度對密碼破譯也有著必不可少的重要性。許多代號與密碼都是可以破解的，只要有充分的時間從事破解工作即可。RSA加密演算即是個典型的例子。RSA加密演算依賴的是一種奇異的現象，也就是計算兩個質數的乘積只需要一點時間，不過要計算出特定數字是由哪些質數相乘而得，可能得花上不少時間，即使利用電腦計算亦然。

解碼員也需要有遠見。他們常在官方或刑事保密的掩護下工作，由於工作性質敏感，所以經常得單打獨鬥。倘若對最終目標缺乏想像，這些破譯員不過就白費力氣罷了。

本書所闡述的，是密碼的創造與破解如何影響歷史的潮流。密碼的影響至巨，也難怪它會深深地影響著人們的想像，而《達文西密碼》之類充斥著密碼的小說會如此受歡迎，以及電視電影上常常出現解碼人員的蹤跡，亦就不足為奇了。

儘管現實世界與小說情節並不完全相像，密碼學真正的歷史（尤其是密碼分析）可能甚至比驚悚小說作家的憑空杜撰還要奇特。接下來，你將會見識到這些解碼人員有何卓越之處，認識歷史上最神祕的人物，並瞭解解碼人員所必須具備的基本技能。

不只如此，你在全書中都會有機會動手使用這些至關重要的工具。我們根據章內容準備了七道精巧設計的謎題，讓你來挑戰解密。破解這些謎題不會太容易，你一定會需要原創性的思考、好運、不屈不撓的態度與遠見博識。

原　創

透過性與宗教的道德準則來闡述古埃及到蘇格蘭女王瑪麗一世的歷史。
簡單的替代加密、置換加密與頻度分析。

1

前頁圖：
我們可以在古埃及象形文字上看到密碼學的起源。

我們很難去想像一個沒有祕密的人類社會——沒有陰謀詭計、政治算計、戰爭、商業利益或男女間風流韻事的世界。因此，祕密訊息和密寫術的歷史，可以回溯到世界上幾個最古老的文明社會，一點都不令人意外。

密碼學的起源可以往回追溯到將近四千年前的古埃及時期。當時，負責將歷史事件刻到紀念石柱上的抄寫員，開始以不易察覺的方式，微妙地改變這些象形文字的用法與目的。

這些刻意操作的目的，可能並不在於隱藏文字的意義，反而可能是因爲這些抄寫員想要讓來往過客感到困惑，或有娛樂的意圖，或者想要藉此增加宗教聖典的神祕性與法力。然而，這些更動卻成了密碼學的前兆，開啓了密碼學在接下來數千年的發展。

埃及人並不是研發密寫術的唯一民族。舉例來說，在美索不達米亞一帶，密寫技術就被帶入其他行業，在距現今巴格達十八英里（三十公里）、位於底格里斯河河畔的塞琉西亞遺址挖出的一塊小型泥版，就證實了這一點。這塊袖珍泥版大約製作於西元前一千五百年左右，上面以加密的方式記載著製作陶釉配方。這塊泥版的製作者，用楔形文字中最不常見的音節值（最罕見的子音和母音）記下了這些指示，藉此保護他的商業機密免於外洩。

巴比倫人、亞述人和希臘人也各自發展出隱藏訊息意義的方法。不過到了古羅馬時期，第一位名字永遠與加密方法連在一起的重要歷史人物出現了，他就是尤利烏斯·凱撒（Julius Caesar, 100B.C.～44B.C.）。

凱撒是古羅馬帝國最著名的領袖。在戰場上，

尤利烏斯·凱撒，著名的古羅馬軍事與政治領袖，發明了早期的置換加密並加以實際運用。

凱撒的密寫術

他是個膽識過人的大將軍，在政治上，他以個人卓見才華服眾，不過就性格而言，他則兼具著一種好賣弄的時尚意識與無可壓抑的性感，以及那種全盤豁出的賭徒精神。他睿智、有膽量又冷酷無情——要成就一個成功的密碼專家，這些都可說是絕佳完美的特質。

在軍事回憶錄《高盧戰記》中，凱撒敘述了自己用何種方式巧妙掩飾重大戰報情資的意義，以避免敵人截獲重要情報。

在羅馬帝國大軍與現今法國、比利時和瑞士一帶的地方軍隊作戰期間，凱撒一方的軍事參謀西塞羅（Cicero）受到包圍，幾近投降。凱撒想要密報給西塞羅，告訴他援軍即將抵達，便派信使送了一封用希臘字母和拉丁文文法寫下的書信，並告訴信使，倘若無法進入西塞羅的軍營，就把信綁在槍上，把信和槍一起射進碉堡裡。

「那高盧人按照指示把槍射進碉堡裡，」凱撒回憶道，「這槍恰巧牢牢地卡在塔樓上，連著兩天都沒有被我軍發現；到了第三天，有個士兵看到了，把它取下來交給西塞羅。西塞羅把信讀過，並在閱兵時當眾朗讀，使全軍欣喜若狂，士氣大振。」

古人對凱撒的密寫術並不陌生，羅馬帝國時期歷史學家蘇埃托尼烏斯（Suetonius Tranquillus）在百年後描繪凱撒生平時就寫道，如果凱撒有什麼需要說的機密，「他會用暗碼來書寫」（原文：He wrote it in cipher）。

密碼與代號的界定特質

蘇埃托尼烏斯在寫下那句話時，使用了「cipher」一字，這一點值得特別注意，因爲儘管人們常將英文裡的

「cipher」和「code」這兩個字混用，兩個字都有密碼、代號的意思，這兩者之間其實有著非常重要的不同點。

就本質而言，這兩者的差別如下：「cipher」譯作密碼或密文，是指以系統化的方式來利用其他符號替換原訊息中的每一個字母，藉此隱藏訊息本身的意義；「code」則譯作代號或代碼，它比較強調文字意義而非將就在字母上，往往根據代碼書裡的清單來取代訊息裡的單字或文句。

希羅多德是西元前五世紀的學者與歷史學家，曾經在《歷史》一書中提及早期隱寫術的例子。

另一個差異則與兩者與生俱來的彈性有關。代號是靜態的，依賴密碼書裡的詞語組和文句組來隱藏訊息的意義。

舉例來說，在使用代號時，可以明確規定以「5487」這個數字來代替「攻擊」一字，這就意味著，只要訊息中用到「攻擊」一字的地方，轉譯後的訊息就會出現「5487」這個數字組。即使密碼書裡有好幾個可以用來取代「攻擊」的選項，這些變化仍然是有限的。

相較之下，密碼天生就比較有彈性，將「攻擊」一字化作密碼的方式，可能與這個字在訊息裡的位置有關，也可能受到許多其他可變因素影響，完全受到密碼系統規則所界定。這也就是說，訊息裡即使出現同樣的字母、字彙或文句，由於所處位置之故，其編碼加密的方式可能會完全不同。

不論是何種密碼系統，用來替訊息編碼加密的基本規則，一般被稱爲「演算法」（algorithm），其密鑰（key）具體說明了進行編碼時所應遵循的精確細節。

隱寫術

希臘人除了擅長密碼學以外，也會使用隱寫術（steganography）。密碼學的目標在於隱藏訊息的眞正意義，隱寫術則在於完全隱藏訊息本身存在的事實。被尊爲歷史學之父的希羅多德（Herodotus）就曾經在《歷史》一書舉過幾個例子。希羅多德在其中一章提到一位名叫哈爾帕格的貴族，因爲米底亞國王設計讓他吃了自己的兒子，決定向米底亞國王尋求報復。哈爾帕格把要傳給潛在盟友的訊息藏在野兔屍體中，並派了一名信使假扮成獵人負責遞送。信使成功達成任務，聯盟因此組成，米底亞國王終於被推翻，王國歷史告終。

希臘人也會把訊息藏在蠟板[1]的蠟層下面，以避免他人察覺。另一種更駭人的做法，則是將奴隸剃成光頭，好把訊息以刺青的方式刺在奴隸的頭皮上，若這位不幸的信使在過程中沒有因爲敗血症死亡，一旦他的頭髮長了回來，就會被派去執行任務，親身傳遞訊息。等信使抵達目的地，那滿頭青絲會再次被收信人剃掉，好從容不迫地讀取訊息。

利用剃髮奴隸暗中傳遞訊息的方式，顯然還是有缺點的，過程極其緩慢尤其爲人詬病。儘管如此，隱寫術還是持續流傳至今，而且一直深受間諜所喜愛。事實上，不論是隱寫術或密碼學，都有許許多多不同的方法，就前者而言，從間諜自古以來就在使用的隱形墨水，到現代科技巧妙運用數位影像或音樂檔案來隱匿資料的技術，其實都可以算是隱寫術的範疇。

希臘人可謂隱寫術專家。舉例來說，歷史學家波利比奧斯（Polybius, 200B.C.～118B.C.）就發明了一種到現代都還有人使用的隱寫系統。

希臘人在利用火炬傳遞訊號時，例如用左手握兩支火炬、右手握一支火炬來代表字母「b」（➡請見第13頁「密碼分析」），可能就是利用了這種技術，而所謂的「棋盤法」，稍後也成爲發展複雜密碼系統的基礎。

普魯塔克是希臘歷史學家、傳記作者與散文家，他清楚記下了斯巴達密碼棒的運作方式。

注1：蠟板通常以木板或象牙板製成，四周有隆起的邊，中間塗以黑色的蠟，用金屬或骨針在上面刻寫。

密碼棒所傳遞的祕密訊息是否讓斯巴達人因此大獲全勝？斯巴達將軍保薩尼亞斯率軍打敗了規模兩倍大的波斯軍隊。

也許早在西元前七世紀，好戰尚武的斯巴達人就已經會使用一種稱爲「密碼棒」的工具，藉著一種置換文字的方法來傳達祕密訊息。

希臘歷史學家普魯塔克（Plutarch, 46A.D.～127A.D.）曾寫下密碼棒的用法：

當軍事領袖派遣將官或將軍外出作戰時，他們會製作兩枝具有相同長度和厚度、尺寸相互對應的圓木棒，一枝由領袖持有，另一枝則交給他派出的將軍。這些木棒被稱為「密碼棒」。如此一來，當他們彼此之間需要傳遞重要的祕密訊息時，便可用一條狀似皮帶的狹長羊皮紙捲，以中間不留空隙的方式，將羊皮紙密實地捲在密碼棒上，把密碼棒的表面完全用羊皮紙包覆起來。之後便可在捲在密碼棒上的羊皮紙上寫下訊息，並在書寫完畢以後取下羊皮紙，將羊皮紙單獨送出，傳遞到將軍手中。將軍在收到以後並無法從這些毫無關連、次序混亂的文字中讀取任何意義，必須拿出自己的密碼棒，將羊皮紙條捲上，才能正確讀取訊息。

密寫

波利比奧斯將字母排在二十五宮格裡（i / j 兩字母位於同一格），並在各行列上依序標上數字 1 至 5。

	1	2	3	4	5
1	a	b	c	d	e
2	f	g	h	i/j	k
3	l	m	n	o	p
4	q	r	s	t	u
5	v	w	x	y	z

如此一來，每個字母就分別有了各自的兩位數密碼，舉例來說，字母「c」的密碼是 13，字母「m」的密碼是 32。

瞭解凱撒密碼

在蘇埃托尼烏斯撰寫凱撒傳記之際，凱撒密碼的祕密早已是眾所周知。蘇埃托尼烏斯寫道，任何想要解讀凱撒信件、瞭解箇中訊息的人，「必須將字母表中的第四個字母拿來置換第一個字母，也就是說用『D』代替『A』，並依此類推。」

原字母	a	b	c	d	e	f	g	h	i	j	k	l	m	n	o	p	q	r	s	t	u	v	w	x	y	z
密碼	D	E	F	G	H	I	J	K	L	M	N	O	P	Q	R	S	T	U	V	W	X	Y	Z	A	B	C

這種密碼被稱為「凱撒密碼」（Caesar shift）。根據蘇埃托尼烏斯的說法，凱撒以這種將字母整組偏移三個位置的方式來替自己的訊息保密，不過即使你將字母進行一到二十五之間任何固定數目的偏移，同樣的原則仍然適用。這種方法有「繞回」的特性，也就是說，如果偏移超過字母「Z」，就會回到最前面由字母「A」開始重新排列，所以字母「Y」在偏移三個位置以後，就成了字母「B」。

舉例來說，如果你想要以凱撒密碼來撰寫他那著名的口號「veni, vidi, vici」（譯爲「我來，我見，我征服」），偏移置換以後的結果就會是「YHQL, YLGL, YLFL」。

解讀凱撒密碼

解讀以凱撒密碼來書寫的訊息，是件相對容易的事情，因爲偏移量是有限的，就英文而言至多就二十五而已。讓我們以下列密碼文字爲例：

FIAEVI XLI MHIW SJ QEVGL

最直接的解碼方法，是截取訊息中的一段密碼文字，將它寫在一個表格上，然後在密碼文字的下方按所有可能的偏移量寫下解密後的內容，這種技巧有時也被稱爲「候選明文法」。

你只要持續不斷地寫下不同的字母，一直到你獲得一組有意義的文字爲止。

偏移量	可能的明文
0	FIAEVI XLI
1	EHZDUH WKH
2	DGYCTG VJG
3	CFXBSF UIF
4	BEWARE THE

在偏移量爲四時出現的有意義文字，表示在書寫此祕密訊息時，整組字母偏移了四個位置。在我們將其餘文字解碼後，就會出現「Beware the Ides of March」這段文字。

原字母	a	b	c	d	e	f	g	h	i	j	k	l	m	n	o	p	q	r	s	t	u	v	w	x	y	z
密碼	E	F	G	H	I	J	K	L	M	N	O	P	Q	R	S	T	U	V	W	X	Y	Z	A	B	C	D

若要加速解開凱撒密碼，可以準備好許多小紙條，在上面以豎排方式按顛倒次序寫下字母。若能以這些紙條橫向排列出密碼訊息，接下來的工作就很簡單，只要按列檢查，直到找到能顯示訊息意義的文字即可。

凱撒密碼這種以一組字母置換另一組字母的加密方式，被稱爲「替代式加密」（substitution cipher）。另外還有一種「移位式加密」（transposition cipher），以將字母順序重新排列的方式進行。

移位式加密也可以利用柵格法來達成。讓我們舉一個簡單的例子，有人想要傳出「the ship will sail at dawn heading due east」（船隻將在黎明啓航往正東方前進）的訊息，他可以把全部的文字以每列五個字母的方式寫下，然後以縱向讀取的方式來加密。

t	h	e	s	h
i	p	w	i	l
l	s	a	i	l
a	t	d	a	w
n	h	e	a	d
i	n	g	d	u
e	e	a	s	t

如此一來，就可以得到下列加密文字：

TILANIEHPSTHNEEWADEGASIIAADSHLLWDUT

破解置換加密

面對以置換加密方式製作的祕密訊息，「易位構詞」（anagramming）是著手破解的好方法。這種技巧在於移動密碼文字的排列順序，找出看來最像眞正訊息文字的構詞。

這裡有一種稱爲「多重易位構詞」的特殊技巧，是一種同時在兩個不同密碼文字並行使用易位構詞以交互核對的策略。

爲了讓多重易位構詞發生效用，你必須準備兩組具有相同字數或字母數，並且是以同一種技巧將文字次序打亂的置換加密訊息。若解碼人員監控敵人通訊的時間夠長，例如在戰爭期間，這種情況可能比初期更可能發生。

讓我們舉一個簡單的例子來說明這種方法如何解密。假設我們有兩組置換加密訊息，每組都具有五個字母，如下所示：

EKSLA
LEGBU

顯然，我們可以將這些字母加以排列，分別組成兩個不同的辭彙：

EKSLA 可以是 LAKES 或 LEAKS
LEGBU 可以是 BUGLE 或 BULGE

如果只有一組文字，兩種可能解答中到底哪一個才是正確的，就可能不是那麼清楚。不過假使我們試著同時以同樣方式替這兩個訊息解碼，那就可以清楚看到，只有一種組合才可能讓兩個訊息都獲得合理的解答：

12345	41532	45132	45312
ESKLA	LEAKS	LAEKS	LAKES
LEGBU	BLUGE	BULGE	BUGLE

未解之謎

斐斯托斯圓盤

路易吉・佩爾尼耶，於1908年隨著義大利考古隊前往克里特島調查。

西元1908年七月初，一位名叫路易吉・佩爾尼耶（Luigi Pernier）的義大利籍青年考古學家，在克里特島南岸斐斯托斯（Phaistos）的米諾斯皇宮遺址進行挖掘工作。

在盛夏酷暑中，佩爾尼耶正在挖掘地底神殿儲藏室的主要隔室，並在此找到了一塊相當完整、被白堊岩外殼覆蓋的陶盤，直徑約六英寸（十五公分），厚度稍高於半英寸（一公分）。

這塊陶盤的兩側總共布滿了兩百四十一個神祕的象形符號，由外往內呈螺旋狀分布。陶盤上有四十五種以雕刻方法刻上的象形符號，非常具有象徵意義，其中有一部分顯然代表著日常生活的事物，例如人、魚、昆蟲、鳥、一艘船等等。

這些符號也許不難辨認，不過它們眞正代表的意涵，自陶盤出土的一世紀以來，卻一直困擾著考古學家與密碼專家們。

其中一個主要的問題，在於除了這塊陶盤以外，並沒有其他具有相同圖像文字的文物出土，使得解碼專家只能就這兩百四十一個文字進行處理。

這種資訊貧乏的景況之所以讓人備感沮喪，更因爲考古學家在克里特島另一側的克諾索斯米諾斯皇宮遺址發現了數百塊印有古老文字的泥版，資訊之豐，讓學者後來能將這些文字分類爲線型文字A和線型文字B。

線型文字A的時間比較早，目前尚未被破解（事實上，它的破解也成爲古文研究的「聖杯」，是一種遙不可及的夢想），線型文字B則可以回溯到西元前十四至前十三世紀，在1950年代被英國建築師麥可・班特里斯（Michael Bentris）解譯，發現B線泥版是以一種古式希臘文撰寫的。

許多學者認爲，斐斯托斯圓盤上的文字不夠多，無法讓人達成完整可靠的解譯工作，這樣的說法讓那些爲斐斯托斯圓盤著迷的人深感遺憾。不過，這並未讓人因此罷手，仍然有許多人勇於嘗試，企圖解出斐斯托斯圓盤的謎題。

有些業餘考古學家認爲斐斯托斯圓盤上的記載可能是一種禱文，有人覺得它是月曆，更有人認爲它是興兵揮師的詔文。有人甚至提出，這可能是一種古老的棋盤遊戲，或者是一種幾何定理的闡述。

來自克里特島的數學家安東尼·史沃羅諾斯（Anthony Svoronos），一直對斐斯托斯圓盤的祕密非常感興趣。他製作了一個網站，列出各種有關斐斯托斯圓盤的可能性。

「這個圓盤最重要的層面，就我看來，是用以製作的技巧。」史沃羅諾斯說：「圓盤是以不同的圖章蓋出來的。製作圖章需要耗費極大心血，因此我們可以假設，這些圖章會被用來製作許多不同的文件。不過無論如何，留傳至今的斐斯托斯圓盤，都是以這些圖章製作出來的獨特文件，絕無僅有。」

另一點很有趣的，是蓋印在圓盤上的圖像非常精細且清楚，相較之下，線型文字的形狀與符號就比較模糊。

「這些特徵只有靠臆測來解，」他說：「我最喜歡的解釋，是斐斯托斯圓盤上的文字是人們在古希臘神示所發問的一個問題，根據這個神示所的儀式，刻上問題的物件在占卜過程中必須被銷毀。」這個理論解釋了爲什麼製作者製作了這麼多文字，卻完全銷毀淨盡的原因。

「當然，這種說法對於斐斯托斯當地所發生的事件，以及事件所導致的圓盤製作來說，都是牽強附會的解釋。」史沃羅諾斯承認道。不過他也提到，該地區也出土了其他證據，才會讓這樣的說法有了一定的可信度。

舉例來說，克羅斯島（Keros）上出土的一些與宗教信仰相關之文物，它們的時間早於斐斯托斯圓盤，而根據上面的記載，寶貴的儀式雕像會刻意被打碎。歷史悠久的多多尼神示所，時間可能早於斐斯托斯圓盤，這間神示所出土了一些鉛版，記載著人們對神示所的提問。

不管這樣的解釋是對是錯，全世界都還在盼望著哪天會有人對這項謎樣文物提出最完整可靠的詮釋。

左頁圖是斐斯托斯圓盤的兩面。這些符號的意義與它們的製作地點，至今仍存有極大爭議，使得斐斯托斯圓盤成為考古學與密碼學上最著名的謎團。

密碼破解的誕生

阿拉伯科學家暨作家艾布・優素福・葉爾孤白・本・伊斯哈格・薩巴赫・肯迪的肖像。

在密碼學發展的數千年以來，沒有比密碼分析中的密碼破解技術還要重大的發展，而這些技術大多是阿拉伯人發明的。

西元750年以後伊斯蘭文化鼎盛時期，學者精通於科學、數學、藝術與文學等各種學問，他們出版了許多字典、百科全書以及密碼學專書，並鑽研文字來源與語句結構，導致密碼分析出現了史上第一個重大突破。

回教學者發現，不論是什麼語言，字母都會以固定且可靠的頻率出現。他們也瞭解到，有關這種頻率的知識，可以被運用在破解密碼上，這也就是被稱爲「頻度分析」（frequency analysis）的技巧。

目前已知的第一個密碼分析解釋相關文獻，是由西元九世紀的阿拉伯學者暨多產作家艾布・優素福・葉爾孤白・本・伊斯哈格・薩巴赫・肯迪（Abu Yusuf Yaqub ibn Ishaq al-Sabbah Al-Kindi, 801A.D.～873A.D.），在其作品《論破解密碼訊息》中提出。

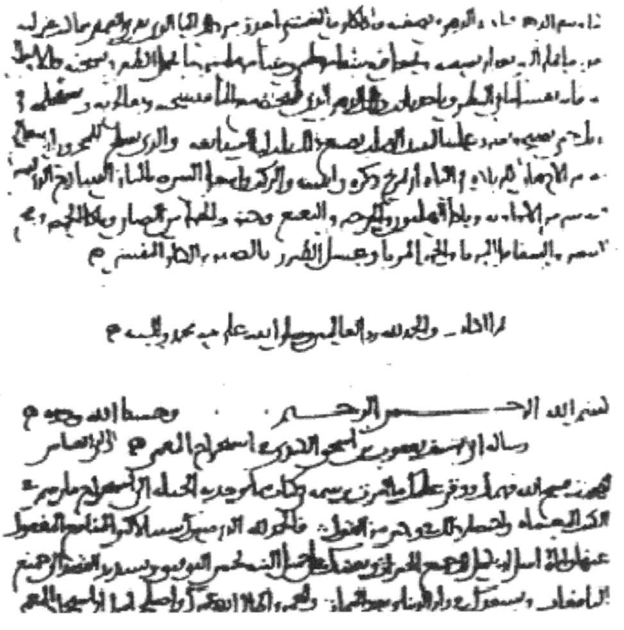

肯迪作品《論破解密碼訊息》的手稿。

首先，瞭解你的語言

頻度分析大概是解碼人員所必須具備的最基本工具。雖然每個字母出現的頻率會依文章而定，有些規律對於密碼訊息的揭露是非常有幫助的。

舉例來說，在英文中，字母「e」出現最頻繁，平均來說，隨便拿出一段文字，字母「e」大概佔了所有字母的百分之十二。出現頻度緊接在字母「e」後面的是字母「t」、「a」、「o」、「i」、「n」和「s」，而最不頻繁的則是字母「j」、「q」、「z」和「x」。

英文文章的預期字母相對頻率如下：

字母	百分比	字母	百分比
A	8.0	N	7.1
B	1.5	O	7.6
C	3.0	P	2.0
D	3.9	Q	0.1
E	12.5	R	6.1
F	2.3	S	6.5
G	1.9	T	9.2
H	5.5	U	2.7
I	7.2	V	1.0
J	0.1	W	1.9
K	0.7	X	0.2
L	4.1	Y	1.7
M	2.5	Z	0.1

※根據梅爾—馬提亞斯（Meyer-Matyas）所進行並發表在《解開的祕密：密碼學方法與箴言集》上的字母計算。

若製作成圖表，頻率分布大致如下：

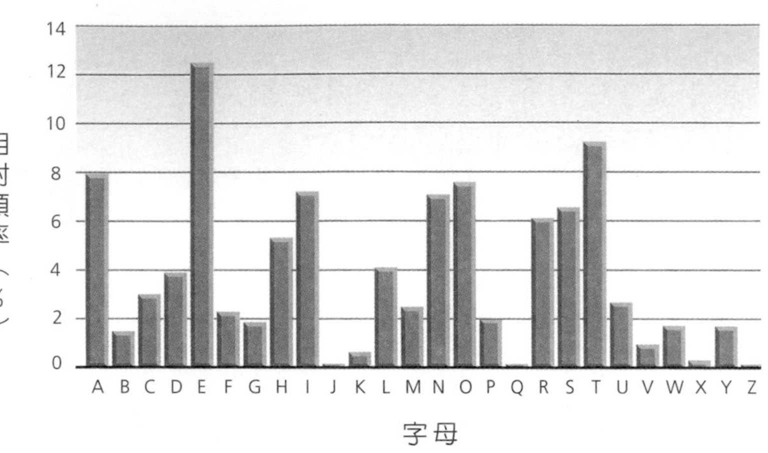

利用這樣的知識，你可以從計算字母或符號在密碼訊息中出現的頻率著手，並拿來和明文中的一般頻率相比較。

接下來，你必須看看字母的組建。舉例來說，「the」是英文中最常見的三重字（由三個字母合成的語音）或字彙，而「q」字母後面常常接著「u」字母。在大多數情況下，「n」字母前面是母音。同樣地，代詞「I」與冠詞「a」是最常見的單字母字。

當然，我們無法保證任何一段文字都會確切符合這種預期頻率，例如科學期刊論文和情書的用字就大相逕庭。

儘管如此，利用這些關鍵性的知識片斷，密碼分析家可以開始在密碼文和明文之間找到關連，勾勒出大致輪廓，推論出訊息中的某些字母可能是什麼。

藉由試誤、努力不懈、謹慎猜測與運氣的幫助，就可能開始填空並破解密碼。

文·化·符·碼

印度《慾經》

在現代用語中，《慾經》（*Kama Sutra*，亦譯作《愛經》）被視為性愛寶典的同義字，而市面上更充斥著各種圖文並茂的版本，以及圍繞著《慾經》內容的影片與網站，更加強了這種性愛寶典的形象。

然而，印度哲學家伐蹉衍那的《慾經》並不只是奇異性愛姿勢的指南，這本書除了根據私密部位的形狀和面積定義出男人和女人的三種類型（男人分野兔型、公牛型和馬型，女人分鹿型、母馬型和母象型），它也是一本有關愛情、戀愛、婚姻等主題的新手完全指南。

《慾經》也非常重視女性在密碼使用與密碼分析技能的發展，在書中列出的必備藝術技巧中，第四十一項就是能夠破解謎語謎團和使用祕密語言的能力。而接下來的另一項技能，則是「瞭解密碼書寫和以特殊方式撰文的能力」。

這本書提供了一些密碼技巧的實際說明，包括改變字首字尾或是在音節之間加入字母的口語訣竅。有關書寫的部分，書中則提到「將一節韻文的文字以不規則的方式排列，把母音字母和子音字母分開，或是完全把母音字母省去」。

耶輸陀羅的《吉祥勝利偈》是一本評註《慾經》的重要著作，寫作時間約為西元一千年左右，書中包括了一些可供使用的各種系統形式。大衛・卡恩（David Kahn）在其巨著《密碼破譯者》中（*The Code Breakers*），將《吉祥勝利偈》裡提到的一種系統稱為「考提里亞姆」（kautiliyam），是一種根據語音關係進行字母替換的方法，例如，以子音字母代替母音字母。

「慕拉德維亞」（Muladeviya）是書中提到的另一種方法。在這個系統中，字母表裡的部分字母互換，其餘則維持不變。

a	kh	gh.	c	t	ñ	n	r	l	y
k	g	n	t.	p	n.	m	s.	s	-

「如果妻子和丈夫分開，並因此感到壓力，她可以輕易地利用自己對這些藝術技巧的知識養活自己，即使在異地亦然。」伐蹉衍那說道，「精通此道的男性通常很健談，也相當知道怎麼對女性獻殷勤。」

儘管有人認為《慾經》在現代社會似乎顯得格格不入，然而有關密寫術的一些建議是不可能過時的。畢竟從古到今的戀人們，不論是羅密歐與茱麗葉，或是查理王子和卡蜜拉，都可以證實，沒有比閨房內甜言蜜語被公諸於世還要更令人困窘的事情了。

中世紀時期的密碼

當阿拉伯世界達到知識巔峰之際，歐洲的密碼研究並未受到廣泛推行。中世紀早期，密寫術的流傳多半僅限於修道院，院內修士會研究《聖經》與希伯來密碼，例如「阿特巴希密碼」（Atbash cipher）。

在這段期間，人們很少將密碼運用在宗教範疇以外，以天文儀器的製造與使用爲題的科學專論《行星赤道》（*The Equatorie of the Planetis*），則是個極罕見的例子。有些學者將《行星赤道》視爲傑弗里·喬叟（Geoffrey Chaucer, 1343～1400）的作品，不過學者間並沒有對此達到共識，無論如何，文中包括了幾段以符號代替字母寫成的密碼短文。

傑弗里·喬叟的畫像。有些人相信，喬叟寫下了中世紀歐洲最早的非宗教密碼文。

在西元1400年以後的四個世紀間，最主要的密寫術是以一種以代號和密碼組合而成的方式，稱爲「引座員同音替代密碼法」（nomenclator）。

引座員同音替代密碼法在十四世紀末期於南歐演化而來。在這段期間，富庶城邦如威尼斯、那不勒斯與佛羅倫斯等競相爭逐貿易主導權，而同個時期，羅馬教廷則因爲兩位教皇聚集己方勢力而造成教會分裂。

結合了代號與密碼書寫的技巧，引座員同音替代密碼法利用一種置換加密的方法，將整篇訊息文字打亂，並將特定文字或名字以代號文字或符號代替。

舉例來說，一份引座員同音替代密碼可能包含一份用以代替字母的符號列表，以及另一份直接用來代替辭彙或名字的符號列表。如此一來，英文裡的「and」 字可能可以用「2」代換，而「King of England」（英格蘭國王）則變成「&」。

早期的引座員同音替代密碼法，會用一些由一至兩個字母組成的等效代號替換少數代號文字，並且結合單字母

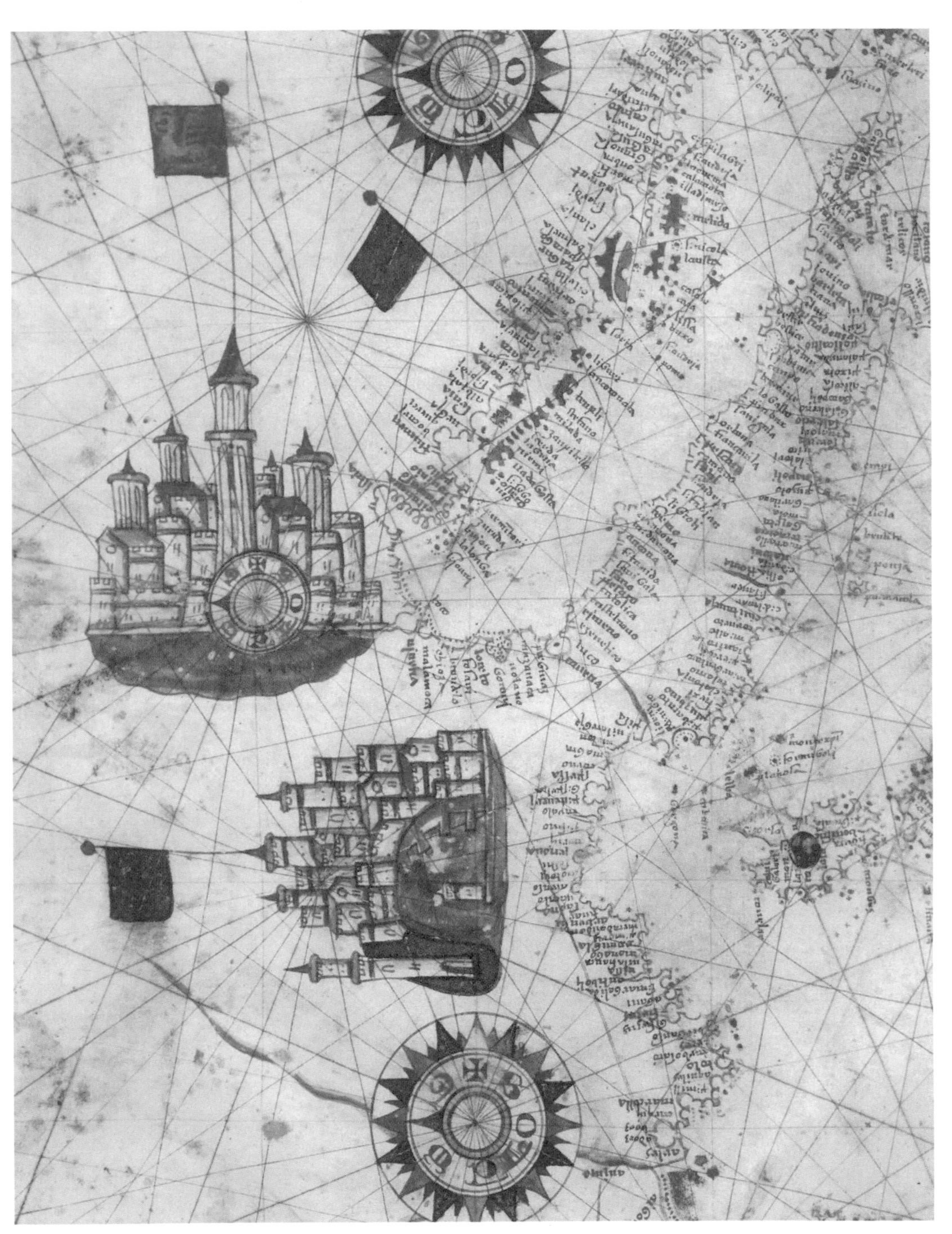

十四世紀以威尼斯為主要貿易中心的古地圖。

替換密碼，把整個訊息搞得一團混亂。演變至十八世紀，這些代號數量不但變得非常龐大，在俄羅斯一帶所使用的引座員同音替代密碼法甚至有數千個等效代號，用以代替辭彙或音節。

同音異形

到十五世紀初，已有跡象證實歐洲確有密碼分析師的存在。在一份替曼托瓦公國準備的密碼文中，每一個明文母音都被賦予好幾個不同的對應數字。這種密碼被稱爲「同音異形置換」（homophonic substitution），對解碼師來說，這種密碼比單字母密碼困難，需要更多的獨創巧思和韌性才能破解。同音異形置換法的到來，清楚地顯示出曼托瓦公國的密碼書記官正深陷一場鬥爭之中，有人可能試著要截取信件並讀取內容，這情形同時也表示，這位書記官通曉頻度分析的原理。

同音異形加密需要比字母數還多的密碼對應數字，因此密碼師會利用各種解決方案來發明更多的表音符號系統，在置換中利用數字就是一個很好的例子。要不然，密碼師也可以利用現存字母的變體，例如大寫、小寫或顚倒等方式。

下面是個同音異形加密的例子。第一橫排的字母爲明文字母，字母下方的數字是可供替代使用的密碼選項。

a	b	c	d	e	f	g	h	i	j	k	l	m	n	o	p	q	r	s	t	u	v	w	x	y	z
46	04	55	14	09	48	74	36	13	10	16	24	15	07	22	76	30	08	12	01	17	06	66	57	67	26
52	20		97	31	73	85	37	18	38		29	60	23	63	95		34	27	19	32				71	
58				39			61	47			49		54	41			42	64	35						
79				50			68	70									53		78						
91				65															93						
			69																						
			96																						

利用上面的密碼，「This is the beginning」這樣的明文可以被寫成：

01361312 1827 193709 043174470723705485

破解同音異形密碼

雖然同音異形能成功地隱藏個別字母的頻率，這種方法並無法完美地將那些由兩個或三個字母所組成的單字隱匿起來，對篇幅比較長的密碼文尤其如此。

破解同音異形密碼的一個基本方法，是針對部分重複的暗碼加以檢查。舉例來說，如果在一密碼文中，下列兩個數字序列：

2052644755

和

2058644755

都出現了，密碼分析家可能會開始琢磨，看看「52」和「58」是不是同一明文字母的同音異形。

另外，若就單字內的組成而言，最常出現的兩字母與三字母組合通常是「th」、「in」、「he」、「er」以及「the」、「ing」和「and」。深諳此道的密碼分析師可能會發現，數字「37」常常出現在數字「19」之後，後面也常常緊接著數字「31」。

推測之下，這可能表示數字「19」代表字母「t」，數字「37」代表字母「h」，數字「31」代表字母「e」。繼續這樣子解下去，就可以慢慢地揭露出此一訊息所隱藏的祕密。

文·化·符·碼

聖潔法典

對許多人來說，密碼學和宗教書寫的結合具有一種無比的魅力，讓人陶醉於其中。丹・布朗（Dan Brown）的暢銷小說《達文西密碼》結合了祕密訊息、代號與基督信仰奧祕，將它們以驚悚小說的形式呈現，這本書能獲得如此龐大的迴響，無疑是說明此一現象的最佳佐證。

然而，跳出小說與幻想的領域，密寫術與宗教確實也有相當長的共同歷史，就某種程度而言，這是迫不得已的結果：迫害導致宗教地下化，成為一種祕密活動。

在猶太教與基督教共有的傳統中，「阿特巴希密碼」也許可以說是最著名的密碼系統。阿特巴希密碼是一種傳統的希伯來置換加密法，此法將希伯來字母表的第一個字母用最後一個字母代替，第二個字母以倒數第二個字母代替，如此序推下去。阿特巴希密碼的名稱「Atbash」，就是從希伯來字母中的「alef」、「tav」、「bet」和「shin」，也就是字母表中的第一、倒數第一、第二和倒數第二個字母縮寫而來的。

猶太律法書包括《舊約聖經》裡的摩西五經，通常寫在羊皮紙上。

阿特巴希密碼

Alef	Tav
Bet	Shin
Gimel	Resh
Dalet	Qof
He	Tsadi
Vav	Final Tsadi
Zayin	Pe
Het	Final Pe
Tet	Ayin
Yod	Samekh
Final Kaf	Nun
Kaf	Final Nun
Lamed	Mem
Final Mem	Final Mem
Mem	Lamed
Final Nun	Kaf
Nun	Final Kaf
Samekh	Yod
Ayin	Tet
Final Pe	Het
Pe	Zayin
Final Tsadi	Vav
Tsadi	He
Qof	Dalet
Resh	Gimel
Shin	Bet
Tav	Alef

我們至少可以在《舊約聖經》裡找到兩個阿特巴希置換。最早出現的兩個置換，出現在《耶利米書》的第二十五章第二十六節與第五十一章第四十一節，用「SHESHACH」代替「Babel」（巴別，也就是巴比倫）。在《耶利米書》第五十一章第一節，「LEB KAMAI」則用來代替「Kashdim」（迦勒底）。

學者認為，阿特巴希置換的目的未必在於隱藏意義，反而被認定是一種揭示特定猶太教律法書釋義的方法。

《聖經》裡最常受到討論的另一個「代號」，與用來解經的希伯來字母代碼有關。這種代碼是解析猶太律法書的一種方式，會將數值與字母代換，然後將這些數字相加起來，並利用總和來解釋結果。在這些數字之中，最著名的也許是「666」這個數字，也就是在《啟示錄》第十三章第十八節中提到的獸名數目。有些專家相信，這個數字實際上可能指「尼祿・凱撒」（Nero Caesar），是從希臘文（Neron Kaiser）音譯到希伯來文來的。

另一個例子出現在《創世紀》第十四章第十四節，敘述猶太人始祖亞伯拉罕如何召集家中生養的三百一十八個家僕披掛上陣，前去拯救被擄去的姪子羅特。在猶太教教士傳統中，「318」這個數字被解為亞伯拉罕家僕以利以謝的代表數字。這也就意味著，亞伯拉罕拯救姪子的事蹟，可能並不是帶著三百一十八個家僕，而是受一位名字意味著「上帝是我的指引」的家僕所陪伴進行。

邁可・卓斯寧（Michael Drosnin）在《聖經密碼》一書中，提到了一種廣受

《聖經》裡的巴別寧錄王與巴別塔。巴別是《聖經》裡阿特巴希密碼的例子之一。

爭議的聖經分析方法。卓斯寧寫道，若在《聖經》裡按等距字母序列的原則尋找，便可獲得祕密訊息。

《聖經密碼》是以數學家伊利雅胡・芮普斯（Eliyahu Rips）等人的研究為基礎，認為根據這樣的程序，就能揭露隱藏其中的各種事件預言，例如科學上的突破、暗殺事件等。

然而，就專業密碼分析師而言，這種猶太律法書代碼理論是很讓人懷疑的。首先，希伯來文沒有母音的特質給予了相當大的彈性，更何況在一種語言中，字母出現的比例是相當精確的，隨便拿兩本長度相當的書來比較，一本書內的文字大概就是另一本書內文字的重新排列組合，因此，任何字母序列代號都不會是《聖經》所獨有的。有一群研究人員甚至聲稱，他們分析赫爾曼・梅爾維爾

（Herman Melville）的《白鯨記》也得到類似的結果。

巴風特：阿特巴希密碼理論

對黑魔法和神祕學的愛好者來說，巴風特（Baphomet）這個名字會讓人想起一個特別令人厭惡的惡魔（甚至連撒旦都不喜歡），一個有著羊角和翅膀、幻化成人形的討厭鬼。

然而，這些聯想其實是相當近期的事，是在十九世紀時才浮現的形象。當時，一位叫做埃利法斯・利維（Eliphas Levi）的法國作家暨魔術家，將巴風特詮釋為具有羊角、翅膀和乳房的形象[2]，而這個形象在此之後也慢慢流傳開來。

事實上，巴風特這個名字早在數百年前的十四世紀初期，就已經進入了公眾認知之中，因為在那個時候，聖殿騎士團受到指控，認為騎士團涉及異端行為，例如崇拜偶像。

巴風特，邪教崇拜的偶像，頭上有角。

西元1307年10月13日星期五，法國國王腓力四世下令逮捕了在巴黎聖殿塔的聖殿騎士團大團長雅克・德・莫萊（Jacques de Molay）與其餘一百四十名騎士。在酷刑逼供以後，部分成員屈打成招，承認他們對十字架吐口水、踐踏並撒尿，舉行「淫穢親吻」[3]的入會儀式，必須透過行賄才能入會，並且崇拜偶像，包括名為巴風特的惡魔在內。結果，許多騎士團成員不是在十字架上被燒死，就是走上逃亡之路。

有關巴風特這名字的來源，圍繞著許多謎團，解釋也有很多種。其中一個最廣為接受的說法，是巴風特是從法文古字「Mahomet」變形而來，「Mahomet」是伊斯蘭先知穆罕默德的一種法文稱呼。

另一個說法認為巴風特來自希臘文的「Baphe」和「Metis」，放在一起有智慧洗禮之意；巴風特這個字也可能由「Temp. ohp. Ab.」這個縮寫字組成，而此縮寫字來自拉丁文「Templi omnium hominum pacis abhas」，意指世界和平之父。

然而，休・尚菲爾（Hugh Schonfield）這位最先參與《死海古卷》[4]研究的學者之一，卻提出了最有趣的解釋。

尚菲爾相信，「巴風特」是透過阿特巴希置換密碼創造出來的字眼，這種阿特巴希密碼法，會將希伯來文的第一個字

注2：一般稱為「安息日之羊」。

注3：指親吻惡魔的屁股。

注4：目前最古老的《舊約聖經》希伯來文抄本。

上圖：正在進行禮拜的聖殿騎士。
下圖：聖殿騎士團大團長雅克・德・莫萊。

母用最後一個字母置換，第二個字母用倒數第二個字母置換，依此類推。果真如此，那麼把「Baphomet」這個字譯成希伯來文並以阿特巴希密碼法來解釋，就會變成希臘文裡的「Sophia」，有智慧的意思。

בפומת
[taf] [mem] [vav] [pe] [bet]

以希伯來文寫下「Baphomet」，讀寫順序由右到左。用阿特巴希密碼來解讀，尚菲爾得到下列字母：

שופיא
[alef] [yud] [pe] [vav] [shin]

成了用希伯來文寫下的希臘文字「Sophia」，讀寫順序亦為由右到左。

解到這裡，這些關連性似乎顯得更深奧了，有些人甚至更進一步，將這個字和諾斯底信仰的女神蘇菲亞連在一起，而到了後來，蘇菲亞有時也被和抹大拉的馬利亞這位耶穌基督的女追隨者劃上等號。

蘇格蘭女王瑪麗一世之死

西元1587年，英格蘭境內技藝最高超的密碼分析師，利用頻度分析將一國之君送上了死亡之路，決定了一個國家的未來。蘇格蘭女王瑪麗一世自即位後便統治著蘇格蘭，一直到西元1567年被迫遜位爲止。她逃往英格蘭，不過她的表姐伊莉莎白一世，將篤信天主教且身爲亨利八世姪孫女的瑪麗視爲非常嚴重的威脅，因此將瑪麗監禁在英格蘭境內的城堡中，並不時更動囚禁地點。伊莉莎白一世所制定的反天主教法規，讓該國境內瀰漫著一股恐懼氛圍，使得內亂與各種試圖罷黜信奉新教的伊莉莎白女王的密謀，開始以受囚禁的瑪麗爲重心。

西元1586年，瑪麗的追隨者安東尼・貝平頓（Anthony Babington）開始暗中策劃謀殺伊莉莎白一世，讓瑪麗取而

蘇格蘭女王瑪麗一世（1542～1587）。她命喪伊莉莎白一世手中的故事，是密碼學歷史上的重要事件。

代之。這項陰謀策反能否成功的關鍵，在於瑪麗的配合與否，然而，暗地裡與瑪麗溝通並非易事。

伊莉莎白一世（1533～1603）是英格蘭女王、名義上的法國女王，自1558年11月17日至身歿為止亦為愛爾蘭女王。

因此，貝平頓找了一位名叫吉伯特・基佛（Gilbert Gifford）的前神學院學生作爲信使，而這個勇於冒險的年輕人，很快就找到了一個藉由啤酒桶傳信的方法，偷偷地在瑪麗位於查特利莊園的監獄運送著來往的信件。

然而吉伯特其實是個雙面諜，他發誓效忠伊莉莎白一世的首席祕書弗朗西斯・沃辛漢爵士（Sir Francis Walsingham），英格蘭第一個特務組織的創始人。因此，這個前神學院學生事實上將瑪麗的信直接交給英格蘭的解密大師湯瑪士・菲利浦斯（Thomas Phelippes）。

瑪麗與外界的大部分通信都有經過加密，不過對身形瘦長、患有近視且臉上長滿麻子的菲利浦斯來說，這只是個小問題。一般認爲菲利浦斯能操流利的法語、西班牙語、義語與拉丁語，同時也具備了高超的僞造技術。

沃辛漢的首席密碼分析師是頻度分析大師，而這種技能讓他能夠解開在瑪麗與貝平頓之間流傳的祕密訊息。

根據菲利浦斯協助蒐集到的證據，沃辛漢試圖說服伊莉莎白一世，唯有處決瑪麗，她的王位和性命才不會受到威脅。儘管伊莉莎白一世拒絕了處決瑪麗的提議，沃辛漢卻深深相信，若能找到瑪麗陰謀策劃暗殺的證據，伊莉莎白就會同意將瑪麗送上刑台。

該年7月6日，貝平頓寫了一封長信給瑪麗，信中揭露了一些細節，也就是後來所謂的貝平頓陰謀。貝平頓希望能獲得瑪麗的首肯與建議，保證能「迅速處理篡權的競爭者」——指的就是謀殺伊莉莎白一世。

瑪麗在7月17日回覆此信以後，她的命運就成了定局。沃辛漢要求技術高超的菲利浦斯複製瑪麗的信，並在信末加入了以代號寫成的附言，要求回信者說明策劃者的身分。

回信者不疑有他，確實提供了策劃者的身分，而這些人的命運也隨之底定。在確認瑪麗參與密謀以後，沃辛漢便可以果斷地走下一步棋。不消幾天，貝平頓與他的黨羽都被逮捕並送入倫敦塔監禁。1586年十月，瑪麗接受審

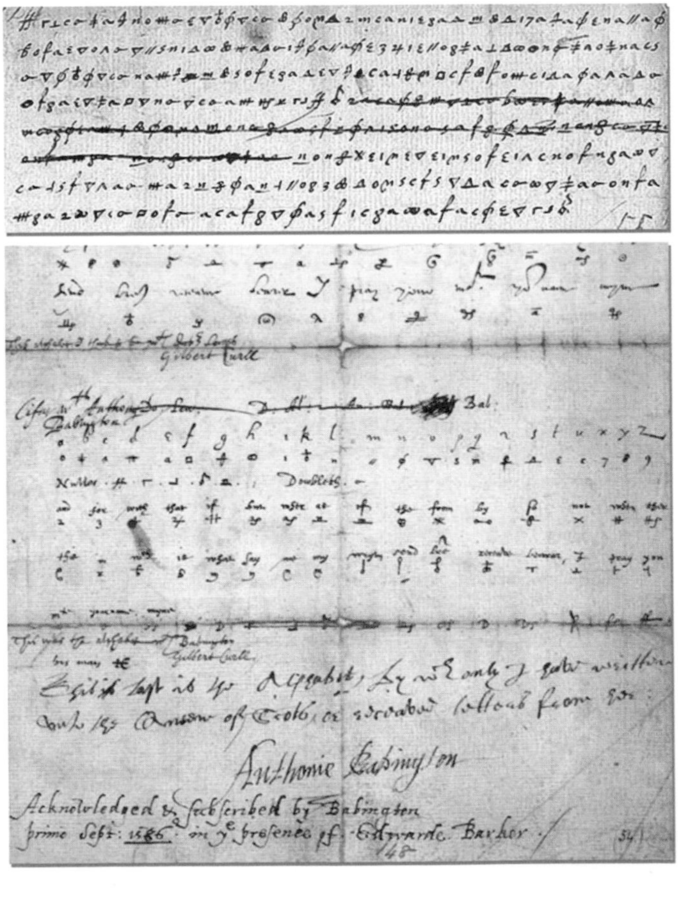

因為湯瑪士・菲利浦斯巧手偽造了蘇格蘭女王瑪麗一世寫給安東尼・貝平頓的信，共謀者的名字才被揭露出來。

判，伊莉莎白一世在1587年2月1日簽下瑪麗的死刑執行令。七天以後，瑪麗在佛澤林蓋的大廳受斬首之刑，終於身首異處。

吉伯特・基佛利用啤酒桶偷運出查特利莊園並直接遞送到湯瑪士・菲利浦斯手中的訊息，由瑪麗一世的祕書吉伯特・柯爾（Gilbert Curle）譯成密碼。柯氏在他的密碼文中使用了許多不同的引座員同音替代密碼法和「零值」── 完全無意義的符號，目的在於轉移解碼人員的注意力，造成混淆。

儘管如此，瑪麗一世的密碼在面對菲利浦斯高超的頻度分析技巧時，毫無用武之地。由於菲利浦斯的努力不懈、謹愼猜測與好運當頭，才能順利地塡空並破解密碼。對一位技術高超的密碼分析家來說，這其實已是種習性 ── 根據記載，湯瑪士・菲利浦斯在拿到瑪麗一世的信時就馬上將信中密碼破譯了。

密・碼・分・析 >>>

頻度分析練習

在密碼分析師遇上一段加密文字的時候，最初的挑戰之一，就是弄清楚加密者到底在原始文字上使用了哪一種轉換。即使沒有其他線索，頻度分析依然有助於釐清你到底在處理哪一種加密。

例如，在置換加密中，密碼文與明文的字母頻率一模一樣 ── 因爲這些字母並沒有受到取代，只是被搞亂而已，因此字母「e」仍然會是最常見的字母，以此類推。在另一方面，替代加密就會出現不同的頻率 ── 也就是說，不論用什麼字母來代替「e」，它都可能是出現頻率最高的字母。

假設你正試著破解下列這則密碼文，而且只知道原始明文訊息是用英文寫成的：

YCKKVOTM OTZU OZGRE IGKYGX QTKC ZNGZ NK CGY XOYQOTM
CUXRJ CGX LUX NK NGJ IUTLKYYKJ GY SAIN ZU NOY
IUSVGTOUTY GTJ YNAJJKXKJ GZ ZNK VXUYVKIZ IRKGX YOMNZKJ
GY NK CGY NUCKBKX TUZ KBKT IGKYGX IUARJ GTZOIOVGZK ZNK
LARR IUTYKWAKTIKY UL NOY JKIOYOUT

首先，你得完成密碼文的字母頻率計算。將所有字母按橫向寫在一張紙的下方，並在數到一個字母的時候，在該字母上方打一個「X」記號，做成圖表，是進行字母頻率計算的一種好方法。

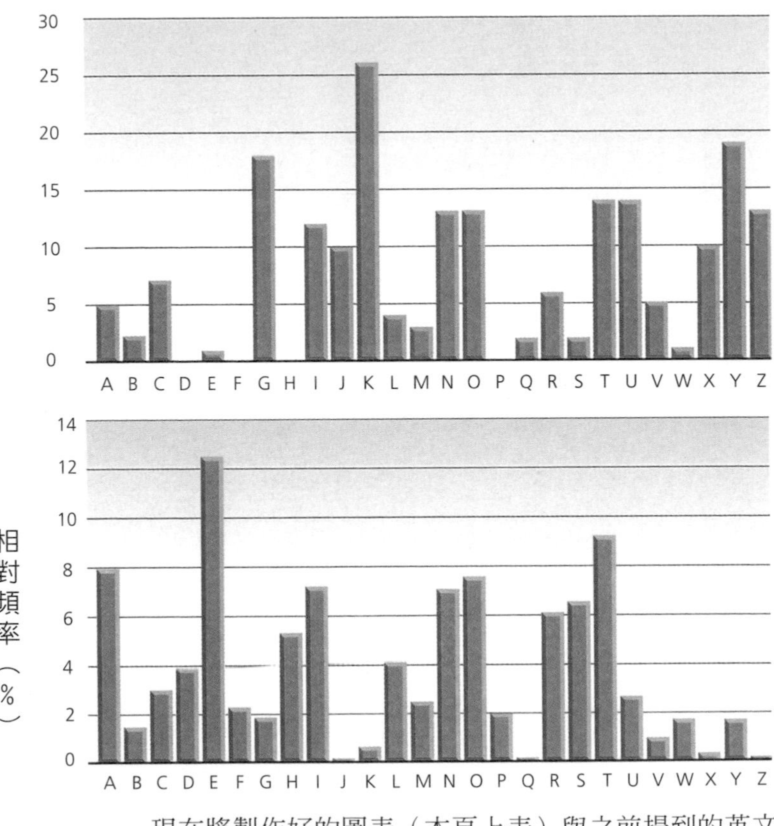

現在將製作好的圖表（本頁上表）與之前提到的英文字母標準分布圖（本頁下表）比較。

我們馬上可以清楚地看到，密碼文裡很少出現字母「e」——表示這並不是單純的置換加密。然而，密碼文的字母頻率與標準頻率確實有些雷同之處，例如字母「K」是密碼文中出現頻率最高的字母——表示加密者用字母「K」代替字母「e」。

密碼文中也有其他線索可循。舉例來說，在字母「K」之後，在字母「N-O」以及「T-U」處分別出現了兩個頻率高峰，然後又在字母「X-Y-Z」處出現了一個相對高峰。

老練的密碼分析師可能會馬上就發現了這個2-2-3的模式。在英文中，這些頻率高峰通常出現在字母「H-I」、「N-O」和「R-S-T」。

事實上，整個圖表看來似乎是向右挪動了六個字母，而實際上正是如此，這段密碼文是以凱撒加密的方式寫成，字母偏移數字爲六。

因此，當我們將密碼文的每一個字母往前位移六個字母，使字母「Y」變成「S」、「C」變成「W」，並依此類推，而原本的這段密碼文

YCKKVOTM OTZU OZGRE IGKYGX QTKC ZNGZ NK CGY XOYQOTM CUXRJ CGX LUX NK NGJ IUTLKYYKJ GY SAIN ZU NOY IUSVGTOUTY GTJ YNAJJKXKJ GZ ZNK VXUYVKIZ IRKGX YOMNZKJ GY NK CGY NUCKBKX TUZ KBKT IGKYGX IUARJ GTZOIOVGZK ZNK LARR IUTYKWAKTIKY UL NOY JKIOYOUT

經過解密以後，就變成一段節選自湯姆·荷蘭（Tom Holland）作品《羅馬共和國的最後歲月》（*Rubicon*）的文字：

Sweeping into Italy, Caesar knew that he was risking world war for he had confessed as much to his companions and shuddered at the prospect. Clear-sighted as he was however, not even Caesar could anticipate the full consequences of his decision.

Ingenuity

巧　思

僧侶、外交官與教皇顧問如何改變思路構思密碼。

解碼官的由來。

2

頻度分析粉碎了簡單密碼曾經提供的安全性。這也就意味著，不論是誰，只要使用單字母替換系統來加密，其訊息都可能面臨受敵人破解、閱讀的可能性。

前頁圖：
萊昂・巴蒂斯塔・阿爾伯蒂，文藝復興時期的傑出密碼學家，密碼盤的發明人。

在這種情況下，解碼師可能獲得優勢，不過這情勢並沒有持續太久。歐洲許多傑出的業餘密碼家早已開啓了另一波發展，創造出一種比計算字母頻度技巧還難破解的密碼形式。

教皇密碼

這種新密碼可以回溯到教皇法庭，是萊昂・巴蒂斯塔・阿爾伯蒂（Leon Battista Alberti, 1404～1472）這位才智非凡的佛羅倫斯富豪私生子所發明的。阿爾伯蒂生於文藝復興時期，在建築、藝術、科學與法律等方面都展現出極高的天賦，而且根據所有人的說法，阿爾伯蒂也是個非常傑出的密碼家。有一天，阿爾伯蒂與主教書記里奧納多・達托在梵蒂岡的花園裡散步，談話之間聊到了密碼。達托坦承說教廷需要發送加密訊息，阿爾伯蒂也允諾提供協助。結果，阿爾伯蒂似乎在西元1467年左右撰寫了一篇論說文，替一種嶄新的密寫術奠下了基礎。

阿爾伯蒂在這篇論說文中清楚解釋了頻度分析，也提供各種密碼破解的方法。此外，文中也描述了另一種加密系統，使用的是將圓周分成二十四等分的同心金屬圓盤。圓盤最外圈的格子內包含拉丁字母表和數字一至四（他省去了字母「h」、「k」和「y」，而在拉丁字母中並沒有字母「j」、「u」和「w」）。內圈格子則是亂序排列的二十四個拉丁字母（省略「U」、「W」和「J」，並加入「et」）。

在傳送加密信息時，加密者會以圓盤外圈的字母依序地將明文訊息的字母或數字用圓盤內圈的對應字母取代。

寄件者和收件者雙方都需要持有相同的圓盤，並決定出兩個相對圓盤的起始位置。

至此，這個系統仍然只是一個單字母替代加密，不過在阿爾伯蒂接下來的敘述中，則將具有原創性的新思維注入了這種加密方法之中。「在寫下三到四個字以後，」阿爾伯蒂說：「我應以轉動圓圈的方式，改變方程式的位置指數。」

這說法看起來也許沒什麼大不了，不過這個動作所造成的結果卻影響重大。舉例來說，在最初的幾個字裡面，內圈密碼文的字母「k」可能對應到明文的字母「f」，不過一旦轉動圓盤，密碼文字母「k」可能馬上成了明文字母「t」或其他字母的對應。

這種加密方式讓解碼人員的工作困難許多。每次圓盤位置的改變，都會讓密碼文和明文之間產生一層新的對應關係，以英文為例，「cat」這個字在某一個例子裡可能是「gdi」，換到他處可能就變成「alx」。如此一來，頻度分析的用處就大大地減低了。

此外，阿爾伯蒂也將外圈的數字當成一種加密代號。也就是說，在替明文進行加密以前，他會根據一本代號手冊，以數字一到四的組合代替特定詞組，而這些數字稍後也會和信息的其他部分一同進行加密。（➡請見下頁「密碼分析」）

阿爾伯蒂的非凡功績幫他贏得了「西方密碼學之父」的美名。儘管如此，密碼學並未就此停止演變，而接下來多字母系統的發展，也是來自一名才智出眾的天才之手。

十九世紀時根據阿爾伯蒂的原始構想所製作的密碼盤。

首先，瞭解你的語言

讓我們假設阿爾伯蒂想要傳送一則訊息：Tell Pope at once eleven ships will sail in the morning.（馬上告訴教皇，有十一艘船將在早晨啓航。）

首先，阿爾伯蒂會根據先前商定的代號手冊，取代訊息內的特定文字與詞組。在這個練習中，我們假設數字「14」代表「ships will sail in the morning」（船將在早晨啓航），而數字「342」則取代「Pope」（教皇）。

要替這則訊息加密，首先得將代號群組用來取代相對應的詞組。如此一來，原本的訊息就會變成「Tell 342 at once eleven 14.」之後，再根據密碼盤的第一位置，將前三個字加密：

明文	tell	342	at	Once	eleven	14
密碼文	IZOO	MRET	DI			

現在，改變密碼盤的位置，明文字母組和密碼字母組之間對應關係也隨之改變。在這個練習中，我們將圓盤外圈以逆時針方向轉了一個位置，然後繼續把訊息的剩餘部分加密。

明文	tell	342	at	Once	eleven	14
密碼文	IZOO	MRET	DI	FSGA	ABAIAS	ETD

如此一來，完成的密碼文就成了「IZOO MRET DI FSGA ABAIAS ETD」。

我們可以在這個例子中看到，明文中「tell」一字的「e」被「Z」取代，不過一旦到了後面「once」一字，「e」則被「A」取代。同樣的狀況也發生在字母「l」上面，在前面被「O」取代，後來則變成「B」。同時，訊息前半以「ET」取代數字「2」，後面則變成了取代「1」。對密碼分析師來說，這種改變確實是眞正的挑戰。

文·化·符·碼

藏在羅斯林教堂建築中的神祕樂章

縱觀人類歷史，藝術家向來都會利用各種隱藏訊息、代號與符號等來豐富自己的作品內涵。舉例來說，許多人認為莫札特在部分歌劇作品中採用了一些共濟會的相關標誌，而達文西的畫作則常常出現許多微妙的小字和象徵。

建築師也常常將許多微妙的訊息加諸在他們的創作上。就建築而言，最神祕也最令人費解的例子，出現在蘇格蘭首都愛丁堡南部一個叫做羅斯林（Rosslyn）的小村莊。在這裡，你將會找到羅斯林教堂（Rosslyn Chapel）這棟讓人驚奇的建築物。

羅斯林教堂的奠基石是在西元1446年的聖馬太節放下的，這座教堂建築充滿了各式各樣的代號和隱藏訊息，數世紀以來，一直讓參觀者深深著迷。在教堂的眾多參觀重點中，尤以雕有各種精美螺旋狀裝飾的學徒之柱為最。

著名的學徒之柱

有些人認為，學徒之柱和與它配對的大師之柱分別代表波阿斯和雅斤之柱，也就是耶路撒冷第一聖殿（或稱所羅門聖殿）入口左右兩側的門柱。在銜接學徒之柱的柱頂橫梁上，刻有拉丁文「Forte est vinum fortior est rex fortiores sunt mulieres super omnia vincit veritas」，譯為「酒烈，君王更強，女人尚且更加強韌，然而真理戰勝一切」。這段話摘錄自聖經經外書《以斯拉前書》第三章。

這間教堂與共濟會之間也有著歷史悠久的關係，據傳也與聖殿騎士有關。教堂內處處充斥著與海勒姆密鑰（Key of Hiram）相關的各種標誌，而海勒姆密鑰是共濟會傳說中相當重要的一個部分，到了近代，號稱「現代聖殿騎士」的共濟會團體，也以這間教堂為其儀式場地。

由於羅斯林教堂與共濟會的關係，以及謠傳教堂地板下方具有祕密庫房之故，亦有人認為羅斯林教堂是聖杯的最終收藏之地。據傳，教堂屬地內埋了三只中世紀時期木箱，不過當人們在教堂內部與附近進行掃描與挖掘工作時，卻毫無所獲。

羅斯林教堂的雕刻天花板

然而，在眾多有關羅斯林教堂的探索與研究中，有一個還是有所斬獲的。西元2005年，蘇格蘭作曲家史都華・米契爾（Stuart Mitchell）成功地破解了一系列隱藏在教堂天花板兩百一十三個木雕立方體內的複雜代號。在與這個謎題奮鬥了二十年以後，米契爾發現，這些立方體上的花樣其實是一首寫給十三位中世紀樂手的樂曲。一般認為，這種奇特的曲調對於教堂建造者是具有精神意義的。

米契爾之所以能破解這個密碼，是因為他發現教堂內十二根支柱的底部基石，每一個都形成一種終止式（樂曲結束時的三和弦），而目前已知在十五世紀時期使用的終止式只有三種。

在2005年十月，米契爾對《蘇格蘭人報》表示：「這樂曲是三拍子的，聽起來很純真，而且是以素歌[1]為基礎，在當時是很常見的節奏形式。十五世紀時期的音樂並沒有太多的節拍引導，因此我把樂曲長度設定在六分鐘半，不過如果採用不同的速度，也可以延長到八分鐘。」

至於哪位樂手該彈奏，則由教堂本身發出指令。每一根支柱下方都坐著一位樂手，每位樂手都拿著不一樣的中世紀樂器，其中包括風笛、哨笛、小喇叭、中世紀口風琴、吉他與歌手等。來自愛丁堡的米契爾，將這首樂曲命名為「羅斯林比例卡農」（*The Rosslyn Canon of Proportions*）。

注1：中世紀教堂音樂。

特里特米烏斯的表格法

約翰尼斯・特里特米烏斯（Johannes Trithemius, 1462～1516）是出生於日耳曼地區（約今日德國）的修道士，是世界上第一本密碼學印刷專著的作者。特里特米烏斯一生備受爭議，這一點毫不誇張，他對神祕學很感興趣，而這種特殊興趣讓有些人極度驚愕，也激怒了一些人。

他對密碼技藝的卓越貢獻，在於他撰寫了一套以代號和密碼爲主題的著作《密碼學》（*Polygraphia*）。這套書一直到特氏於西元1516年身歿以後才分成六冊出版，書中內容開啓了當今多字母密碼系統的標準方法，也就是所謂的「表格法」（tableau）。

在十六世紀接下來的數十年間，多字母密碼的概念更進一步地受到精煉，儘管如此，因爲表格密碼法打響名號並因此跟這種密碼法劃上等號的，卻是生於西元1523年的法國人布萊斯・德・維熱納爾（Blaise de Vigenère, 1523～1596）。

密・碼・分・析 >>>

特里特米烏斯表格

下頁是特里特米烏斯描述的表格，由英文字母組成。特氏的想法是要制定出一個欄數與列數均各爲二十六的表格，每一列都包括一組按標準順序排列的字母組，不過每往下一列，字母順序就會按凱撒偏移的方式偏移一個位置。

在撰寫加密訊息時，特里特米烏斯建議用第一列替第一個字母加密，第二列替第二個字母加密，依此類推。從讓訊息免受頻度分析破解的角度來看，特里特米烏斯的技巧所帶來的好處遠超過阿爾伯蒂的方法。表格法尤其能讓同一字中字母重複的現象變得更模糊，而解碼人員依賴的重要破解線索，就會因此消失。

就說你想要利用特里特米烏斯的技巧替「All is well」這則訊息加密。將表格第一列當成明文字母的參照，然後從第二列開始找出對應的密碼字母，每替一個字母加密，就往下跳一列。我們

特里特米烏斯表格

a	b	c	d	e	f	g	h	i	j	k	l	m	n	o	p	q	r	s	t	u	v	w	x	y	z
b	c	d	e	f	g	h	i	j	k	l	m	n	o	p	q	r	s	t	u	v	w	x	y	z	a
c	d	e	f	g	h	i	j	k	l	m	n	o	p	q	r	s	t	u	v	w	x	y	z	a	b
d	e	f	g	h	i	j	k	l	m	n	o	p	q	r	s	t	u	v	w	x	y	z	a	b	c
e	f	g	h	i	j	k	l	m	n	o	p	q	r	s	t	u	v	w	x	y	z	a	b	c	d
f	g	h	i	j	k	l	m	n	o	p	q	r	s	t	u	v	w	x	y	z	a	b	c	d	e
g	h	i	j	k	l	m	n	o	p	q	r	s	t	u	v	w	x	y	z	a	b	c	d	e	f
h	i	j	k	l	m	n	o	p	q	r	s	t	u	v	w	x	y	z	a	b	c	d	e	f	g
i	j	k	l	m	n	o	p	q	r	s	t	u	v	w	x	y	z	a	b	c	d	e	f	g	h
j	k	l	m	n	o	p	q	r	s	t	u	v	w	x	y	z	a	b	c	d	e	f	g	h	i
k	l	m	n	o	p	q	r	s	t	u	v	w	x	y	z	a	b	c	d	e	f	g	h	i	j
l	m	n	o	p	q	r	s	t	u	v	w	x	y	z	a	b	c	d	e	f	g	h	i	j	k
m	n	o	p	q	r	s	t	u	v	w	x	y	z	a	b	c	d	e	f	g	h	i	j	k	l
n	o	p	q	r	s	t	u	v	w	x	y	z	a	b	c	d	e	f	g	h	i	j	k	l	m
o	p	q	r	s	t	u	v	w	x	y	z	a	b	c	d	e	f	g	h	i	j	k	l	m	n
p	q	r	s	t	u	v	w	x	y	z	a	b	c	d	e	f	g	h	i	j	k	l	m	n	o
q	r	s	t	u	v	w	x	y	z	a	b	c	d	e	f	g	h	i	j	k	l	m	n	o	p
r	s	t	u	v	w	x	y	z	a	b	c	d	e	f	g	h	i	j	k	l	m	n	o	p	q
s	t	u	v	w	x	y	z	a	b	c	d	e	f	g	h	i	j	k	l	m	n	o	p	q	r
t	u	v	w	x	y	z	a	b	c	d	e	f	g	h	i	j	k	l	m	n	o	p	q	r	s
u	v	w	x	y	z	a	b	c	d	e	f	g	h	i	j	k	l	m	n	o	p	q	r	s	t
v	w	x	y	z	a	b	c	d	e	f	g	h	i	j	k	l	m	n	o	p	q	r	s	t	u
w	x	y	z	a	b	c	d	e	f	g	h	i	j	k	l	m	n	o	p	q	r	s	t	u	v
x	y	z	a	b	c	d	e	f	g	h	i	j	k	l	m	n	o	p	q	r	s	t	u	v	w
y	z	a	b	c	d	e	f	g	h	i	j	k	l	m	n	o	p	q	r	s	t	u	v	w	x
z	a	b	c	d	e	f	g	h	i	j	k	l	m	n	o	p	q	r	s	t	u	v	w	x	y

將「All is well」訊息加密

A	b	c	d	e	f	g	h	i	j	k	l	m	n	o	p	q	r	s	t	u	v	w	x	y	z
b	c	d	e	f	g	h	i	j	k	l	**M**	n	o	p	q	r	s	t	u	v	w	x	y	z	a
c	d	e	f	g	h	i	j	k	l	m	**N**	o	p	q	r	s	t	u	v	w	x	y	z	a	b
d	e	f	g	h	i	j	k	**L**	m	n	o	p	q	r	s	t	u	v	w	x	y	z	a	b	c
e	f	g	h	i	j	k	l	m	n	o	p	q	r	s	t	u	v	**W**	x	y	z	a	b	c	d
f	g	h	i	j	k	l	m	n	o	p	q	r	s	t	u	v	w	x	y	z	a	**B**	c	d	e
g	h	i	j	**K**	l	m	n	o	p	q	r	s	t	u	v	w	x	y	z	a	b	c	d	e	f
h	i	j	k	l	m	n	o	p	q	r	**S**	t	u	v	w	x	y	z	a	b	c	d	e	f	g
i	j	k	l	m	n	o	p	q	r	s	**T**	u	v	w	x	y	z	a	b	c	d	e	f	g	h

可以利用左頁表格來說明這種加密方式如何運作。我們會從表格的第一列替明文的第一個字母找到對應；至於第二個字母，則先在第一列找到字母「l」，並且往下到第二列取得對應密碼字母；而接下來的字母「l」，則往下到第三列尋找相對應密碼字母。這個步驟會一直持續下去，直到完成訊息加密爲止（參考前頁）。

如此一來，密碼文就成了「AMN LW BKST」。我們可以注意到，原始明文中重複出現的字母「l」，在密碼文中完全沒有字母重複的情形。

維熱納爾密碼

維熱納爾是法國外交官，他在西元1549年二十六歲時被派駐羅馬兩年，並在當時初次接觸到密碼學。在那段期間，他閱讀了阿爾伯蒂、特里特米烏斯和其他重要人物的著作，或許也認識了一些梵蒂岡內部的解密人員。

二十多年以後，維熱納爾退出宮廷生活，開始埋首寫作。維熱納爾留下了二十多本作品，其中包括《論密碼》（*Traicté des Chiffres*）這本於西元1586年出版的知名著作。

上圖：布萊斯・德・維熱納爾，法國外交官暨密碼學家。
左圖：羅馬，讓維熱納爾初次接觸到密碼學的城市。

維熱納爾加密法

維熱納爾的著作讓多字母密碼的發展又往前邁了一大步。維氏在書中建議，加密者可以利用許多不同的「密鑰」來決定應該使用表格中的哪一列來替訊息加密。加密者在傳遞訊息時，會以一種特殊順序來使用表格，而不是單純地循環使用不同的密碼字母組。舉例來說，如果將「cipher」這個字當成密鑰，那麼加密者就會按順序來使用表格中以「c」、「i」、「p」、「h」、「e」和「r」爲首的橫列，將訊息加密。

若要使用這種方式替訊息加密，則可以在明文的每個字母上方，依序重複寫下關鍵字母。明文訊息中的每個字母，都利用表格中以相對應關鍵字母爲首的橫列作爲加密的參照。

密鑰	c	i	p	h	e	r	c	i	p	h	e	r	c	i
明文	a	v	o	i	d	n	o	r	t	h	p	a	s	s
密碼文	C	D	D	P	H	E	Q	Z	I	O	T	R	U	A

假設你的明文是「avoid north pass」（避開北方隘口），當你替第一個字母「a」加密時，應使用起首字母爲「c」的橫列，也就是你之前寫在明文上方的密鑰字母。

進行加密時，你可以先在右頁表格的第一列找到字母「a」，然後往下找到該行與起首字母爲「c」的橫列相交會處，如此一來，取代字母「a」的密碼字母就是「C」。在替明文的第二個字母加密時，過程也是一樣的：先在第一列找到字母「v」，然後往下找到該行與起首字母爲「i」的橫列，便可得到你的密碼文，也就是字母「D」。

多字母密碼

a	b	c	d	e	f	g	h	i	j	k	l	m	n	o	p	q	r	s	t	u	v	w	x	y	z
b	c	d	e	f	g	h	i	j	k	l	m	n	o	p	q	r	s	t	u	v	w	x	y	z	a
C	d	e	f	g	h	i	j	k	l	m	n	o	p	q	r	s	t	u	v	w	x	y	z	a	b
d	e	f	g	h	i	j	k	l	m	n	o	p	q	r	s	t	u	v	w	x	y	z	a	b	c
e	f	g	h	i	j	k	l	m	n	o	p	q	r	s	t	u	v	w	x	y	z	a	b	c	d
f	g	h	i	j	k	l	m	n	o	p	q	r	s	t	u	v	w	x	y	z	a	b	c	d	e
g	h	i	j	k	l	m	n	o	p	q	r	s	t	u	v	w	x	y	z	a	b	c	d	e	f
h	i	j	k	l	m	n	o	p	q	r	s	t	u	v	w	x	y	z	a	b	c	d	e	f	g
i	j	k	l	m	n	o	p	q	r	s	t	u	v	w	x	y	z	a	b	c	**D**	e	f	g	h
j	k	l	m	n	o	p	q	r	s	t	u	v	w	x	y	z	a	b	c	d	e	f	g	h	i
k	l	m	n	o	p	q	r	s	t	u	v	w	x	y	z	a	b	c	d	e	f	g	h	i	j
l	m	n	o	p	q	r	s	t	u	v	w	x	y	z	a	b	c	d	e	f	g	h	i	j	k
m	n	o	p	q	r	s	t	u	v	w	x	y	z	a	b	c	d	e	f	g	h	i	j	k	l
n	o	p	q	r	s	t	u	v	w	x	y	z	a	b	c	d	e	f	g	h	i	j	k	l	m
o	p	q	r	s	t	u	v	w	x	y	z	a	b	c	d	e	f	g	h	i	j	k	l	m	n
p	q	r	s	t	u	v	w	x	y	z	a	b	c	d	e	f	g	h	i	j	k	l	m	n	o
q	r	s	t	u	v	w	x	y	z	a	b	c	d	e	f	g	h	i	j	k	l	m	n	o	p
r	s	t	u	v	w	x	y	z	a	b	c	d	e	f	g	h	i	j	k	l	m	n	o	p	q
s	t	u	v	w	x	y	z	a	b	c	d	e	f	g	h	I	j	k	l	m	n	o	p	q	r
t	u	v	w	x	y	z	a	b	c	d	e	f	g	h	i	j	k	l	m	n	o	p	q	r	s
u	v	w	x	y	z	a	b	c	d	e	f	g	h	i	j	k	l	m	n	o	p	q	r	s	t
v	w	x	y	z	a	b	c	d	e	f	g	h	i	j	k	l	m	n	o	p	q	r	s	t	u
w	x	y	z	a	b	c	d	e	f	g	h	i	j	k	l	m	n	o	p	q	r	s	t	u	v
x	y	z	a	b	c	d	e	f	g	h	i	j	k	l	m	n	o	p	q	r	s	t	u	v	w
y	z	a	b	c	d	e	f	g	h	i	j	k	l	m	n	o	p	q	r	s	t	u	v	w	x
z	a	b	c	d	e	f	g	h	i	j	k	l	m	n	o	p	q	r	s	t	u	v	w	x	y

多字母密碼

a	b	c	d	e	f	g	h	i	j	k	l	m	n	o	p	q	r	s	t	u	v	w	x	y	z
b	c	d	e	f	g	h	i	j	k	l	m	n	o	p	q	r	s	t	u	v	w	x	y	z	a
C	d	e	f	g	h	i	j	k	l	m	n	o	p	q	r	s	t	u	v	w	x	y	z	a	b
d	e	f	g	h	i	j	k	l	m	n	o	p	q	r	s	t	u	v	w	x	y	z	a	b	c
e	f	g	h	i	j	k	l	m	n	o	p	q	r	s	t	u	v	w	x	y	z	a	b	c	d
f	g	h	i	j	k	l	m	n	o	p	q	r	s	t	u	v	w	x	y	z	a	b	c	d	e
g	h	i	j	k	l	m	n	o	p	q	r	s	t	u	v	w	x	y	z	a	b	c	d	e	f
h	i	j	k	l	m	n	o	p	q	r	s	t	u	v	w	x	y	z	a	b	c	d	e	f	g
i	j	k	l	m	n	o	p	q	r	s	t	u	v	w	x	y	z	a	b	c	**D**	e	f	g	h

多字母密碼的解密

雖然多字母密碼無法單純用頻度分析來破解，你仍舊可以計算字母在密碼文中出現的頻率，替你找到一些有關密碼種類的寶貴線索。

首先，多字母密碼的字母頻率分布比較平均，不會出現常態分布中高低起伏的狀態。讓我們以下列明文爲例：

Aerial reconnaissance reports enemy reinforcements estimated at battalion strength entering your sector PD Clarke

（根據空中偵察報告，預估有一千兩百至一千三百名敵方援軍進入你的區域。）

如果你計算明文的字母頻率並將之製作成圖表，你會得到下列結果：

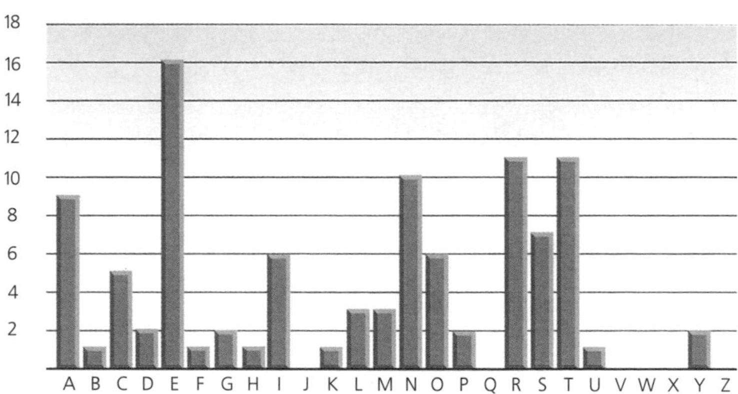

簡單的替代加密可能會得到下列密碼文：

LWVOL QVWAT DOLOH HLDAW VWPTV FHWDW RSVWO DNTVA WRWDF HWHFO RLFWK LFJLF FLQOT DHFVW DMFBW DFWVO DMSTX VHWAF TVPKA QLVCW

如果你計算這個密碼文的字母頻率並將之製成另一個圖表，它會是這個樣子（請注意到圖表中仍有許多字母的出現頻率比其他高出許多）：

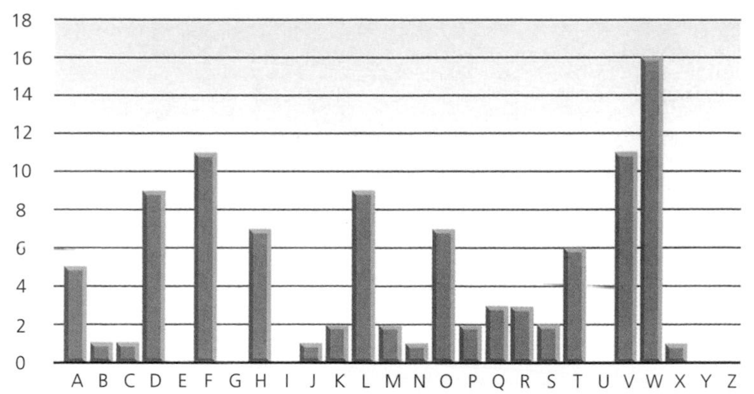

然而，多字母替代加密則會得到下列的密碼文：

TARAB CZPNW TNNLL ZEFNM KLNHF OWWQM PEPVM NKRXK QNPRB FXZXE MBXEO LFJML RWPZS GZXSS EUZYS IXWRV QZFSG FEITT HYHRW EGIKF

突然之間，字母頻率的圖表變得比較平坦了：

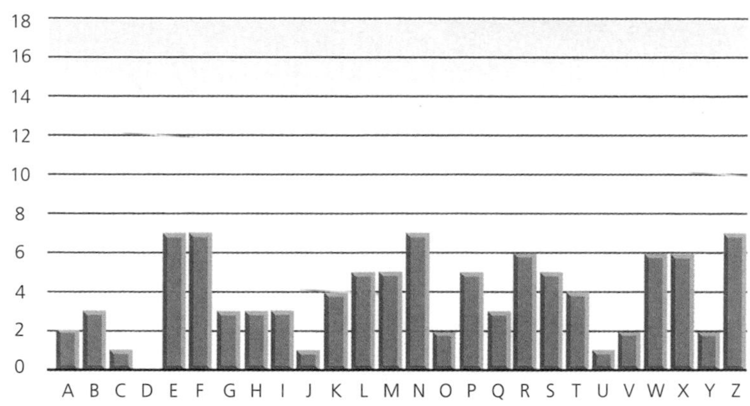

這種平坦的分布現象是個線索，表示這段密碼文所涉及的密碼系統可能是一種多字母加密。一旦你獲得這個線索，下一個難關就是試圖找出密鑰。

這個密鑰可能是不停重複的，例如以「titus」這個字當作密鑰，或者，它也可以是一段連續的文字，比方說一首長詩，如英國詩人柯立芝（Samuel Taylor Coleridge）的〈仙那度〉（*Xanadu*）。

看出重複密鑰的訣竅，在於從密碼文中尋找重複出現的字母順序。舉例來說，假設以維熱納爾方陣利用「titus」爲密鑰替「report at zero two two zero tomorrow」這則訊息加密。

密鑰	titus	titus	titus	titus	titus	titus
明文	repor	tatze	rotwo	Twoze	Rotom	orrow
密碼文	KMIIJ	MIMTW	KWMQG	MEHTW	KWMIE	HZKIO

密碼文可能成爲：

KMIIJMIMTWKWMQGMEHTWKWMIEHZKIO

密碼分析家可能會注意到「TWKW」在密碼文裡出現了兩次。這個線索可能表示此兩段明文或是用同樣的密鑰字母來加密的。

從這段重複的密碼文首次出現到第二次出現，中間間隔了十個字母。對解碼人員來說，這項資訊是非常重要的，因爲它正顯示，加密時所使用的密鑰長度要不是十個字母，就是十的除數，例如二或五。

事實證明，這個重複的狀況是因爲明文中「zero」這個字恰巧對應到密鑰「titus」的同個位置，所以同樣的密碼文才會出現兩次。

當然，這種線索不一定會出現，老謀深算的密碼分析家需要利用相當多樣的處理方式來解謎，這可能包括猜測密鑰長度、利用假設的密鑰長度來找出特定位置的字母頻度，以及其他各式各樣的技巧。無須贅言，這過程是非常耗時費力的，而且需要天馬行空的想像和似乎永無止境的毅力與努力。

未解之謎

世上最神祕難解的書——伏尼契手稿

西元1639年，一位來自布拉格的煉金術士格奧爾格·巴瑞希（Georg Baresch）致信給知名耶穌會學者阿塔納斯·珂雪（Athanasius Kircher），請珂雪協助解密一本多年來一直困擾著巴瑞希的書籍。這份手稿的每一頁幾乎都有錯綜複雜且隱晦難解的插圖，似乎與煉金術有些關連，不過書寫的筆跡看起來十分神祕，又讓人難以理解。

巴瑞希知道珂雪「破解」了埃及象形文字的意涵，因此希望珂雪能揭開這份謎樣手稿的謎團，將手稿複本寄去給當時在羅馬的珂雪。然而，珂雪似乎和巴瑞希一樣，對這份手稿感到困惑，並沒有找到任何答案。

事實上，在那之後的三百六十年也證實，這兩位十七世紀學者的失敗，並不是什麼丟人的事，因爲這份後來被命名爲「伏尼契手稿」的書，至今仍是個謎團。伏尼契手稿的名稱來自於波蘭籍藏書家威爾弗里德·伏尼契（Wilfrid Voynich），因爲伏氏於西元1912年在羅馬附近的耶穌會學院圖書館重新發現了這份手稿，讓它得以再見天日，因此以伏氏之名加以命名。

這本書寬六英寸、高九英寸，共有兩百三十二頁，每一頁幾乎都配有複雜的插圖如繁星、植物與人像等。有些頁的文字書寫呈螺旋狀，

伏尼契手稿的一頁

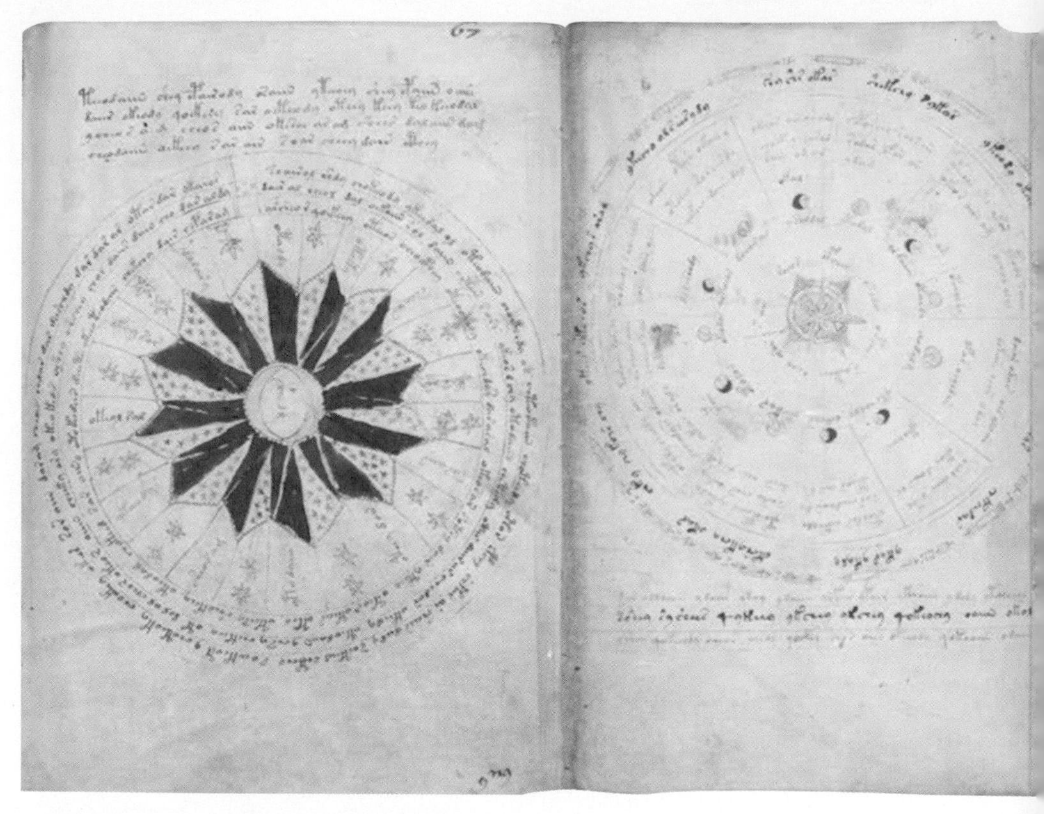

上圖與右頁圖：自然與煉金術，謎樣的伏尼契手稿

有些則是位於頁緣周圍的文字方塊，而且在很多地方，文字似乎是在繪製好繁複的插圖以後才硬塞進剩餘空間裡去的。

自1910年代人們重新發現伏尼契手稿以後，它就吸引了許多傑出密碼分析家的關注。舉例來說，在第二次世界大戰接近尾聲之際，因爲破解日本外交密碼九七式歐文印字機（紫密碼）而聞名的威廉・弗里德曼（William F. Friedman），也在美軍密碼分析師俱樂部試圖破解這個謎題，不過不論是弗里德曼或其他人，都未竟全功。

當然，人們並不是沒有提出什麼謬誤或以假亂眞的「解答」。有些人認爲，伏尼契手稿包括了許多十三世紀天主教會士羅吉爾・培根（Roger Bacon）的發現與發明。也有人將它當成潔淨派教徒（Cathars）的祈禱書，這些人僥倖逃脫了天主教異端審判的迫害，並以一種混雜了日耳曼語和羅曼語的混合語寫下此書。

另外也有人將此書視爲一種惡作劇——也許是中世紀的義大利江湖術士爲了讓顧客留下深刻印象而瞎扯的胡言亂語；不過這份手稿的長度與其複雜度，加上字母重複出現的模式讓人信服，在在駁斥著這樣的說法。

超過三世紀以來，這本書的魅力不減。歐洲太空總署的科學家勒內・贊德貝根（René Zandbergen）在過去十五年間深深爲這本書所著迷。贊德貝根表示，伏尼契手稿引人入勝之處，在於它看來應該很容易破解，然卻讓許多傑出的腦袋敗下陣來。

儘管贊德貝根並不認爲自己是密碼分析師，不過他的歷史偵探工作確實揭露了伏尼契手稿的幾個祕密，其中更包括一些有助於釐清手稿歷史的通信。贊德貝根認爲，這本書很可能根本毫無意義，僅是一本可以回溯到五百年前、甚至更久遠時光的廢話連篇。

「如果這本書不是個騙局，我唯一想得到的，是書中文字很可能是一種編號系統。」贊德貝根說道，而這樣的說法使得伏尼契手稿比較像是一堆代號，而非什麼密碼。果眞如此，那麼解謎的關鍵就是得找到手稿的代號手冊，或是在歐洲境內的古老圖書館中找到其他相關文獻記載。

無論是騙局還是編號系統，人們對這本目前被收藏在耶魯大學貝尼克古籍善本圖書館的伏尼契手稿，仍然樂此不疲、興趣盎然。伏尼契手稿依舊是全世界解碼專家潛心研究的對象。也許在眾人努力之下，此天書終將有被破解的一天，不過話說回來，也許這個謎團還是會一直持續下去。

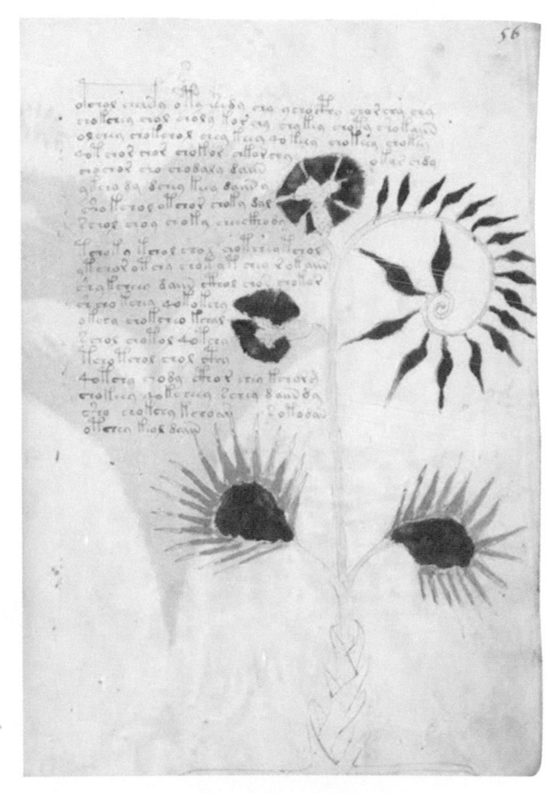

黑室的年代

儘管維熱納爾密碼比單字母密碼更難以破解，密碼學史家卻發現，多字母加密在發明後的數百多年，流傳程度依是相當有限。引座員同音替代密碼法仍舊是大多數人的首選，這可能是因爲多字母密碼儘管安全性較高，唯其加密速度較慢，而且容易出現誤差。

事實上，一位加密技術名列前茅的歷史密碼專家，就因爲能夠建構出難以破解的引座員同音替代密碼，而開創了長久且成功的職業生涯。他的名字是安托萬·羅希諾爾（Antoine Rossignol, 1600～1682）。羅希諾爾出生於西元1600年，是法國第一位全職密碼專家，也是第一首以密碼家爲對象之詩作所描繪的對象——撰寫者是羅希諾爾的好友，法國詩人波瓦羅貝（Boisrobert）。

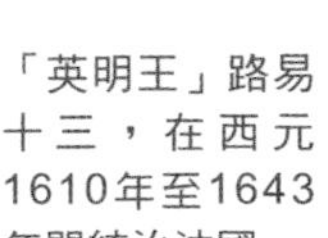

「英明王」路易十三，在西元1610年至1643年間統治法國。

羅希諾爾是法王路易十三宮廷裡的重要人物，之所以聲名大噪，乃因爲他是當時歐洲技術最高超的密碼分析家，不過他也是個相當有天賦的解碼專家。

羅希諾爾在西元1626年初次引起法王和法國宮廷的注意，當時法軍正包圍著雷亞蒙（Réalmont），軍方從一位離城信使身上攔截到一封信，結果羅希諾爾迅速地將信件內容破譯了出來。根據羅氏的譯文，控制該城的胡格諾教徒迫切需要補給，幾乎已經到了投降邊緣。這信在解密後被送回雷市居民手上，迫使他們決定投降，法國皇家軍隊則出乎意料地輕易拿下了雷亞蒙。

這種迅速破解密碼的能力，大大受到路易十三和他麾下諸位將領的賞識。羅希諾爾一而再再而三地證明自己的能力，也因此獲得了許多特權與財富。路易十三臨終之際曾告訴皇后，羅希諾爾對法國國家利益的維持是絕對必要的。

路易十三的重視，明確地奠定了羅希諾爾在其後繼者太陽王路易十四宮廷中的地位，使得羅氏的財富有增無減。

事實上，安托萬之子波納文徹（Bonaventure）也以解碼專家的身分嶄露頭角，這對父子檔更合力發明了「大密碼」（Great Cipher），一種極難破解的加強版單字母密碼。

這種密碼是以取代音節而非個別字母的方式來進行加密，而且其中還運用了許許多多的小技巧，包括一種意爲「忽略前面代號群組」的代號群組。

有段時間，大密碼被用來替法王最機密的訊息加密，不過在安托萬和波納文徹父子過世以後，就再也沒有人使用這種方法，這種加密系統的細節也因此佚失。利用這種加密方法處理過的訊息非常難以破解，以至於許多訊息在經過許多世代以後仍未破解，也就意味著，皇家檔案裡有相當多經過加密處理的信件往來是沒法讀的。

安托萬．羅希諾爾是密碼學的頭號重要人物之一，其子與孫子皆繼承衣鉢，成為密碼專家。

這種狀況一直維持到西元1890年爲止。當時，一系列利用大密碼加密的信件被交到法國另一位知名密碼分析師艾蒂安．巴澤里（Étienne Bazeries, 1846～1931）手上，巴澤里花了三年的時間，試著找出破解之方。

當巴澤里猜到一組特定順序的重複數字「124-22-125-46-345」代表「敵人」之意思時，他終於發現了這種密碼的特質。之後，巴澤里就從這一小段線索，將整個密碼加以破解。

順道一提的是，歷史學家也將巴澤里發明的圓柱型密碼裝置記上了一筆。這個密碼裝置有二十個轉子，每一個轉子上都有二十五個字母，不過法國軍方將之駁回，未予採用，反倒是美軍在1922年採用了這種裝置。

羅希諾爾的成功顯然讓法國統治者深切地體認到，攔截敵方的加密訊息是非常有用的。在這對父子檔的強烈請求下，法國政府在公部門下設置了專責單位從事解密工作，開創了各國先例。

這個單位被稱爲「黑室」（Cabinet Noir），是一組法國解密專家團隊，自十八世紀以來專責針對外國外交官的信件往來進行例行的攔截與解密閱讀工作。

更者，這種體制化的密碼分析也在十八世紀的歐洲擴散開來，成爲一種常見的做法。其中名氣最響亮的，無疑是設於維也納的奧地利祕密法律辦公室（Geheime Kabinets-Kanzlei）。

奧地利黑室是在奧地利哈布斯堡王朝六百五十年歷史中唯一的女性統治者女大公瑪麗亞・特蕾莎女皇統治時期設置的，以其驚人效率聞名於世。實際上來說，它確實也必須很有效率，因爲在十八世紀期間，維也納是歐洲商業與外交的主要活動中心之一，每天在該市郵局進出的郵件流量非常可觀，而奧地利黑室也充分利用了這樣的資源。以當地大使館爲遞送目的地的每一袋郵件，都必須在早上七點左右先送進黑室，讓職員閱讀並拷貝重要的部分，然後重新將信件密封，再把它們送去郵遞，並在上午九點半以前遞送。經由該城轉寄的信件也會經過同樣的處理程序，不過處理速度會慢一點。

任何經過加密的訊息，都會成爲分析的對象——維也納黑室針對初出茅廬的密碼分析師安排了相當成熟的訓練計畫，藉此確保該機構能夠源源不斷地供應專業人員，以因應女皇的需求，保持領先地位。

同個時候，英國也在政府體制內設置了自己的密碼分析單位，並巧妙地將之命名爲破譯科（Deciphering Branch）。這個政府單位也是一種家庭事業，當時由稍後成爲聖大衛教區主教的艾德華・維勒斯（Edward Willes）和他的兒子作主要成員。

祕密辦公室和內務辦公室是隸屬英國郵政部門的間諜機構，會將攔截到的信件交給維勒斯父子和他們的同僚進行處理。由於他們的努力，英王與英國政府才能瞭解法國、奧地利、西班牙、葡萄牙與其他地區的陰謀詭計。舉例來說，英格蘭的解密團隊從加密信件裡過濾出來的訊息，讓英國政府發現，西班牙在英法七年戰爭期間與法國結盟的情勢。

西元1762年英法七年戰爭期間法軍登陸紐芬蘭聖約翰的景象。
透過新成立的「破譯科」，英國得以在戰爭期間攔截重要情資。

然而，拆信的例行公事並不僅限於來自海外的信件。政治人物在不久以後就發現，他們自己的信件往來也受到監控。在十九世紀末期，赫伯特．喬伊斯（Herbert Joyce）就曾在《郵局歷史》（*The History of Post Office*）一書裡寫到：

早在西元1735年，國會議員開始抱怨，他們的信件上有在郵局被打開的明顯痕跡，宣稱這種拆信的做法越來越頻繁，也逐漸成為郵局惡名昭彰的行為……這種情形顯示，郵局裡還有另一個祕密辦公室，一間獨立於郵政大臣且直接受國務大臣管轄的辦公室，以拆信和檢查為目的。事實上，郵局方面假裝這種操作僅限於來往海外地區的信件，不過就實際狀況而言，這種限制其實並不存在……西元1742年六月，這種可恥的行徑因為下議院某委員會的報告而公諸於世。

大體來說，黑室的技術性工作給密碼員帶來更多的壓力，讓他們轉而投向維熱納爾密碼這種多字母密碼的懷抱。不過在沒多久以後，這樣的壓力更會因爲科技進步而倍增，在電訊時代曙光乍現之際，一切的一切又即將再度改變。

未解之謎

鐵面人

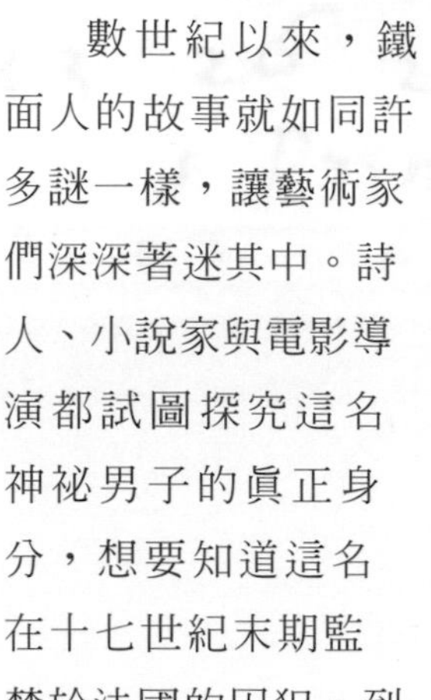

數世紀以來，鐵面人的故事就如同許多謎一樣，讓藝術家們深深著迷其中。詩人、小說家與電影導演都試圖探究這名神祕男子的眞正身分，想要知道這名在十七世紀末期監禁於法國的囚犯，到底是何方神聖。這個故事也促成了密碼分析史上最著名的一筆豐功偉業。

一切都始於西元1698年，當一名謎樣男子被關進巴士底獄的時候。這名男子自1687年或更早之前就受法國政府俘虜，不過在這麼長的時間裡，他隨時都帶著面具，沒人見過他的眞面目，也沒有人知道他是誰、來自哪裡、或是犯了什麼罪；人們唯一知道的只有：終生戴面具監禁乃是他所應受的懲罰。

法國作家暨哲學家伏爾泰率先在《路易十四時代》一書中寫下這號謎樣人物。伏爾泰在書中提到，有個從來沒有人看過眞面目、只能將臉用鐵面具隱藏起來的謎樣人物，從原本的監禁地皮亞洛要塞移監到聖瑪格麗特島的監獄裡，並在1703年身亡，享年約六十歲。

伏爾泰在西元1717年曾在巴士底獄被監禁一年，在這段期間，他顯然曾與幾位服侍過鐵面人的仁兄交談。根據這些人的說法，鐵面人既年輕又高且帥，身著蕾絲和亞麻製成的高雅服飾。

伏爾泰明顯暗示著鐵面人是路易十四的孿生兄弟——指出鐵面人和法王同年，而且長相與某知名人士非常相似。大仲馬透過小說表達的說法也與伏爾泰大同小異。儘管到了十九世紀，著名密碼學家艾蒂安・巴澤里曾揭露了一些令人驚異的證據，鐵面人的謎團仍然一直存續著。

當巴澤里發現大密碼的數字密碼組與文字音節相關，並以此線索破解了路易十四的大密碼以後，他一下子就道破了許多祕密。許多來自王室宮廷的高層往來信件收藏，因巴澤里的發現而得以解密。

有一天，巴澤里破解了一封西元1691年七月的快信，上面敘述著法王對一位將軍的決定深感不悅，因爲該名將軍解除了法軍對一個北義城鎮的封鎖，導致法軍敗下陣來。

法王在這封快信裡下令逮捕維維安・拉貝（Vivien Labbé），也就是布隆德將軍，要他爲戰敗負責，並要求軍隊「將他帶到皮矗洛要塞拘留，晚上關在一間有哨兵看守的牢房，白天允許他戴著一個330 309在城牆上散步」。

信末的這兩個密碼組，在信內其他地方並沒有出現；因此巴澤里決定碰運氣，大膽推測這兩個數字應該指的是「面具」和句點。[2]

儘管此乃碰運氣的推測，巴澤里還是大膽地正式宣布，鐵面人的眞實身分即是布隆德。

這封信提供的是不是假線索呢？「330 309」眞的是指面具？據信布隆德在1703年尚且健在，這樣的線索又該怎麼看待？有關鐵面人的眞實身分，仍存有許多其他猜測，這些候選人包括博福特公爵，以及路易十四的私生子韋芒杜伊伯爵。作家約翰・努恩（John Noone）在1998年出版的作品《鐵面人》（*The Man Behind the Iron Mask*）提出，鐵面人只是一位運氣不好的侍從，獄卒讓他戴上鐵面具，純粹爲了藉此製造恐怖形象，讓人望之生畏而已。

巴澤里似乎猜過頭了。在未來的這一段時間裡，鐵面人眞實身分之謎也許還是會繼續困惑著眾人，並激發人們各式各樣的想像。

注2：在原文中，數字位於句末，因此推測數字「309」為句點。

右圖與左頁圖：鐵面人故事的戲劇性激發了許多劇作家與製片家的想像力。

Wit

睿　智

科技發展觸發了密碼術的革命，
從摩斯電碼到維熱納爾密碼破解、卡西斯基試驗與美國南北戰爭密碼。
雙字母密碼、波雷費密碼與英國作曲家艾爾加的另一個謎。

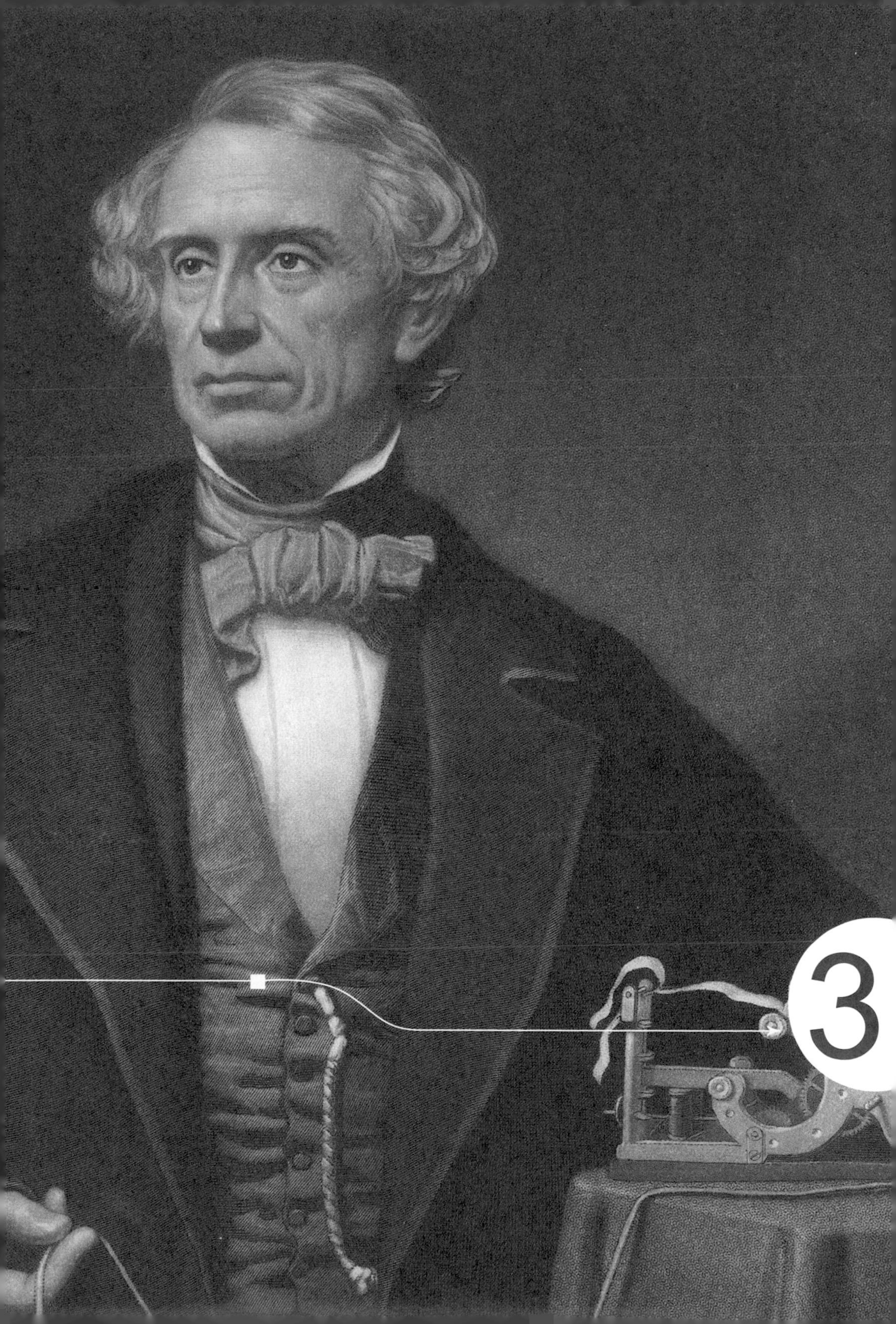
3

前頁圖：
摩斯電碼的發明者——
薩繆爾・摩斯。

十九世紀中，密碼學遇上了另一波劇變。此番變革的推動力在於新興通訊科技的誕生，迫使密碼員不得不找尋新方法，以保持信息的祕密性。

這場革命的火花於西元1844年美國發明家薩繆爾・摩斯（Samuel Morse，1791～1872）建造第一條電報線時點燃。這條電報線從美國馬里蘭州巴爾的摩市一直拉到華盛頓特區，橫跨範圍長達四十英里（六十公里）。該年5月24日，摩斯從位於華盛頓特區聯邦最高法院，將那封摘自《聖經》的第一封電文「上帝創造了何等奇蹟」傳到了位於巴爾的摩的助理阿爾弗雷德・威爾手中。

在摩斯電碼中，這則電文會以下列的形式傳送：

. – – ..... – – ..... – – .... – – . – – – – ... – – . – . – – – .. – – – ..... –

摩斯藉著這封訊息的傳送向全世界證實，長距離電訊傳輸是可能達到的，並加速啓動了一股對社會影響深遠的巨大變革。

不久以後，商人就開始運用此項科技進行即時交易，報紙也利用了這種速度優勢，更迅速地蒐集新聞，而政府內閣亦利用它進行國內與國際通訊。在短短數十年間，電報電纜網絡就橫跨全世界各大洋，將各大陸串聯起來，讓全球即時通訊的夢想成眞。

儘管電報具有快速的優勢，它卻有個眾所周知的缺點：明顯欠缺安全性。摩斯發明了一個透過長短電子脈衝傳送訊息的系統，將它稱爲「摩斯電碼」，然而這個代碼手冊屬於眾人共享的公有領域，因此完全無法保密。

西元1853年，《季刊》（*Quarterly Review*）雜誌刊登了一篇文章，藉此說明摩斯電碼欠缺保密性的問題：

「摩斯電碼表」，取自阿米迪・吉耶曼（Amédée Guillemin）於西元1891年出版的著作《電學和磁學》（*Electricity and Magnetism*）。

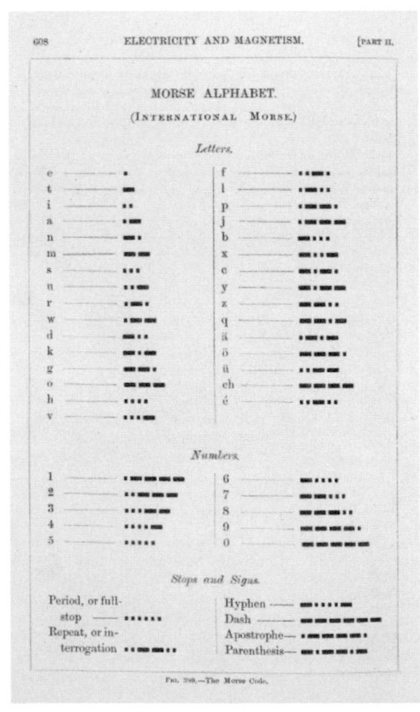

608 ELECTRICITY AND MAGNETISM. [PART II.

MORSE ALPHABET.
(INTERNATIONAL MORSE.)

Letters.

e	.	f	..-.
t	-	l	.-..
i	..	p	.--.
a	.-	j	.---
n	-.	b	-...
m	--	x	-..-
s	...	c	-.-.
u	..-	y	-.--
r	.-.	z	--..
w	.--	q	--.-
d	-..	ä	.-.-
k	-.-	ö	---.
g	--.	ü	..--
o	---	ch	----
h	....	é	..-..
v	...-		

Numbers.

1	.----	6	-....
2	..---	7	--...
3	...--	8	---..
4	....-	9	----.
5	.....	0	-----

Stops and Signs.

Period, or full-stop	......	Hyphen	-....-
Repeat, or interrogation	..--..	Dash	------
		Apostrophe	.----.
		Parenthesis	-.--.-

FIG. 380.—The Morse Code.

利用早期摩斯電碼電報機傳送訊息（約西元1845年）。

應採取手段以消弭目前人們對透過電報傳送私人通訊的反感（由於電報違背了保密原則之故），因為不論如何，在一個人發電報給另一個人的時候，至少有半打人會知道電報內容的每一個文字。

電報的問題在於，電報員必須閱讀訊息才能將它傳送出去。在體認到這個問題以後，許多人開始設想出自己認爲是「無法破解」的密碼。他們先用各種方法將明文訊息加密，然後再讓電報員把這則經過轉化的訊息用摩斯電碼的點和劃傳送出去，如此一來，電報員就無法參透訊息的眞正意涵。人們很快就發明出各種隱祕的密碼系統來因應這種需求，而且許多系統還是由業餘愛好者設想出來的。

軍方也採納了這種新科技。就戰略訊息而言，代碼或引座員法皆被捨棄，因爲要把這類訊息重新發給眾多電報站的困難度太高了。很快地，軍方就開始用古老且「無法破譯」的多字母維熱納爾密碼法來替重要軍事情資加密。

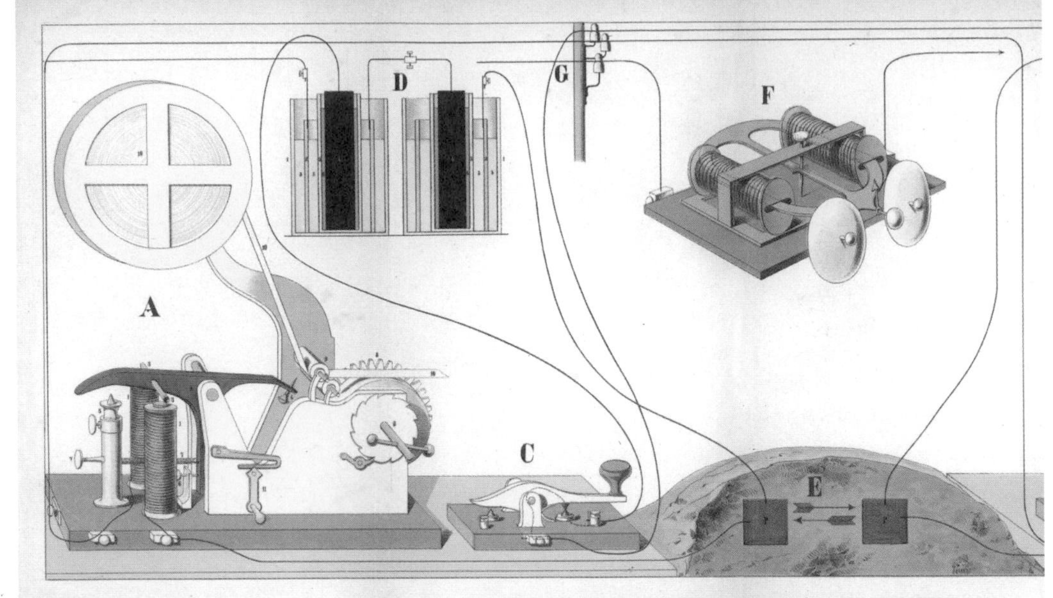

摩斯電報機（約西元1882年）。A是傳送端；C是用來敲擊出點線之間停頓的電鍵；F是發聲系統。

如此一來，電報就和經過徹底改革的密碼學結合爲一。這樣的發展不但讓加密訊息可以馬上傳遞到千里以外之地，也在代號和引座員法佔盡優勢的四百五十年以後，使密碼藝術重新流行了起來。

風流韻事與文學密碼

電報這種通訊方式的發展，讓將軍、外交人員與商人紛紛開始利用起密碼，藉此確保其電報文的隱祕性，不過密碼的魅力並不僅限於國家大事或商業機密。

差不多在同個時候，一般民眾也慢慢地接受了密碼的概念，並開始使用加密方法，確保私人訊息只有收信者看得懂。

這種魅力也延伸到電訊以外的範疇。維多利亞時代晚期的戀人們，會將加密訊息刊登在報紙的人事廣告欄上，藉此隱匿浪漫情事，避免父母與他人反對的目光——因爲投稿者大多爲情所苦，所以這個專欄也有「煎熬專欄」[1]之稱。

一般而言，這些飽受煎熬的戀人們所使用的代號與密碼大多相當簡單，因此業餘密碼分析師也開始以破解此類訊息、揭露其輕佻內容爲樂。

舉例來說，知名密碼專家暨英國皇家學會院士查爾斯・惠斯頓（Charles Wheatstone, 1802～1875）和後來受封男爵的萊昂・波雷費爵士（Lyon Playfair, 1818～1898），都很喜歡解讀這些訊息，將這種解碼遊戲當成週日下午的消遣。惠斯頓和波雷費爲好友，兩人都身形短小又帶著眼鏡，他們會在週日下午一同在倫敦的漢默史密斯橋上散步，邊過橋邊破解倫敦《泰晤士報》人事廣告欄上的訊息。有一次，惠斯頓和波雷費揭露了一位牛津大學學生和戀人之間的信息，當這位男學生提議私奔時，惠斯頓決定插手，在這對戀人的訊息之間插入一則廣告，力勸他們放棄這個莽撞的計畫。沒多久，報上就出現了另一則訊息，表示：「親愛的查理：不要再寫了。我們的祕密對話被人發現了！」

人們對密碼的興趣高漲，也波及到文學的層面。在十九世紀的著名作家之中，就有好幾位將密碼技巧寫進自己的小說作品中。

舉例來說，威廉・梅克比斯・薩克萊（William Makepeace Thackeray）在1852年出版的作品《亨利・艾斯蒙》（*The History of Henry Esmond*）就用到了隱寫術。他所採用的技巧稱爲「卡爾達諾格柵法」（Cardano grille），是一位十六

查爾斯・惠斯頓爵士

注1：原文為「agony column」，其中「agony」為痛苦、煎熬之意；演變到後來，人們便以這個字眼來稱呼讀者來信專欄。

世紀的義大利醫生發明的。這種方法是在硬紙板或紙卡上，剪出好幾個與文字高度等高的長方形。

若欲利用卡爾達諾格柵法替訊息加密，則要將剪好的紙卡放在一張白紙上，然後在空格處寫下密碼文。之後，將紙卡移開，並在其餘空白處填入一些無關緊要的文字。若欲顯示訊息，只要將具有相同設計的紙卡放在上面，就可以閱讀。這樣的裝置即使到第二次世界大戰期間都還有人使用。

吉羅拉莫・卡爾達諾（Girolamo Cardano，1501～1576），義大利數學家暨學者，是「卡爾達諾格柵法」的發明者。

未解之謎

祕密寶藏與隱含意義——比爾密碼

十九世紀期間，對許多深爲密碼學著迷的人來說，破解密碼這件事本身所帶來的喜悅與滿足，可能就讓他們覺得自己的努力有所回報。然而，倘若無法就此滿足，那麼價值三千萬美元的祕密寶藏，也許能夠帶來更多的誘因與動機。

對許多密碼家來說，這個叫做「比爾密碼」（The Beale Papers）的祕密寶藏就是彩虹末端的那盆黃金，這個謎團在西元1885年被披露，一位名叫瓦德（J. B. Ward）的商人開始販賣一本小手冊，上面記載著一批藏在維吉尼亞州的寶藏。瓦德的這本手冊裡敘述著湯瑪士・傑佛遜・比爾（Thomas Jefferson Beale）的故事，以及據稱是比爾在1820年代遺留在美國維吉尼亞州林奇堡華盛頓飯店的祕密訊息。

根據這本手冊的記載，比爾在西元1820年一月初次造訪華盛頓旅館，在那裡待了一整個冬天，也讓旅館經營者羅伯特・莫里斯注意到這號人物，認爲「這是我看過最帥的人了」。比爾在三月突然離開，並在兩年後再次回到此地，又在林奇堡度過了另一個冬天。在結束這次停留之前，他將一個上鎖的鐵盒交給莫里斯，並表示裡面有「極具價值的重要文件」。

手冊中說明，莫里斯忠誠如實地保管了這個鐵盒長達二十三年之久，一直到1845年爲止，他終於把鐵盒撬開。鐵盒裡的筆記描述著，1817年四月比爾和其他二十九人進行了一趟跨越美國之行，從西部平原一直到聖塔菲，然後再往北行。根據這份筆記，這群人在經過一個小溪谷時，運氣來了——「在岩石裂縫裡發現了大量的黃金」。

這群人先把部分黃金拿去變賣成珠寶，並決定將這筆橫財藏匿在維吉尼亞州的某處祕密地點，而這也是比爾在1820年旅行至林奇堡的主要任務。顯然，比爾之所以再度造訪林奇堡，是因爲這些人擔心，假使出了任何意外，他們的親人將無法拿到這些財寶。

比爾再訪林奇堡的任務，是要找到一個值得信賴的人，在他們意外死亡的狀況下，可以向這個人透露祕密，而比爾選擇了莫里斯。在讀完筆記以後，莫里斯認爲自己有責任將這份筆記轉交給比爾的親人，不過他卻遇上的困難——有關寶藏、藏寶位置和親屬名單的敘述，全都經過加密，寫成一連串長達三頁的無意義數字。筆記內亦宣稱，密碼文的關鍵字將由第三人郵寄給莫里斯，不過這封信一直沒有出現。

根據手冊的說法，莫里斯在西元1862年行將就木之際，把這個祕密告訴了他的朋友瓦德，而瓦德竟然憑著直覺猜測，解出了三頁密碼中的第二頁。根據瓦德的猜測，這些數字序列是以《美國獨立宣言》爲準，如數字「73」可以對應到《獨立宣言》裡的第七十三個字，也就是「hold」一字，以此類推。

按此進行數據處理之後，瓦德揭露了比爾的下列訊息：

我將寶藏存放在貝德福郡，離比福德大約四英里之處，在一個挖掘場或地下密室之中，深達六英尺的地方，它們包括以下物品：……整批寶藏包括兩千九百二十一磅重的黃金，以及五千一百磅的銀子，和一些因為運輸之便而在聖路易市以銀子換來的珠寶……以上物品都穩妥地存放在鐵罐裡，並蓋上鐵蓋。密室大致以石塊鋪砌而成，裝寶物的容器都放在穩固的石塊上，並用其他東西遮蓋起來……。

很不幸的是，瓦德在他的手冊裡同時表示，以《獨立宣言》當成關鍵的做法並無法解出剩餘的兩頁密碼。在此之後，世世代代的密碼專家也無法解開比爾密碼的謎——即使美國幾位最傑出的密碼專家亦束手無策。有些懷疑論者毫不猶豫地宣稱，這本手冊其實是個騙局，不過對有些人來說，這筆長期以來讓許多人遭逢挫敗的龐大財富以及它所帶來的密碼挑戰，那種誘惑實在太令人難以抗拒了。

IN CONGRESS, JULY 4, 1776.

The unanimous Declaration of the thirteen united States of America,

When in the Course of human events, it becomes necessary for one people to dissolve the political bands which have connected them with another, and to assume among the powers of the earth, the separate and equal station to which the Laws of Nature and of Nature's God entitle them, a decent respect to the opinions of mankind requires that they should declare the causes which impel them to the separation. —— We hold these truths to be self-evident, that all men are created equal, that they are endowed by their Creator with certain unalienable Rights, that among these are Life, Liberty and the pursuit of Happiness. — That to secure these rights, Governments are instituted among Men, deriving their just powers from the consent of the governed, — That whenever any Form of Government becomes destructive of these ends, it is the Right of the People to alter or to abolish it, and to institute new Government, laying its foundation on such principles and organizing its powers in such form, as to them shall seem most likely to effect their Safety and Happiness. Prudence, indeed, will dictate that Governments long established should not be changed for light and transient causes; and accordingly all experience hath shewn, that mankind are more disposed to suffer, while evils are sufferable, than to right themselves by abolishing the forms to which they are accustomed. But when a long train of abuses and usurpations, pursuing invariably the same Object evinces a design to reduce them under absolute Despotism, it is their right, it is their duty, to throw off such Government, and to provide new Guards for their future security. — Such has been the patient sufferance of these Colonies; and such is now the necessity which constrains them to alter their former Systems of Government. The history of the present King of Great Britain is a history of repeated injuries and usurpations, all having in direct object the establishment of an absolute Tyranny over these States. To prove this, let Facts be submitted to a candid world. —— He has refused his Assent to Laws, the most wholesome and necessary for the public good. —— He has forbidden his Governors to pass Laws of immediate and pressing importance, unless suspended in their operation till his Assent should be obtained; and when so suspended, he has utterly neglected to attend to them. —— He has refused to pass other Laws for the accommodation of large districts of people, unless those people would relinquish the right of Representation in the Legislature, a right inestimable to them and formidable to tyrants only. —— He has called together legislative bodies at places unusual, uncomfortable, and distant from the depository of their Public Records, for the sole purpose of fatiguing them into compliance with his measures. —— He has dissolved Representative Houses repeatedly, for opposing with manly firmness his invasions on the rights of the people. —— He has refused for a long time, after such dissolutions, to cause others to be elected; whereby the Legislative powers, incapable of Annihilation, have returned to the People at large for their exercise; the State remaining in the mean time exposed to all the dangers of invasion from without, and convulsions within. —— He has endeavoured to prevent the population of these States; for that purpose obstructing the Laws for Naturalization of Foreigners; refusing to pass others to encourage their migrations hither, and raising the conditions of new Appropriations of Lands. —— He has obstructed the Administration of Justice, by refusing his Assent to Laws for establishing Judiciary powers. —— He has made Judges dependent on his Will alone, for the tenure of their offices, and the amount and payment of their salaries. —— He has erected a multitude of New Offices, and sent hither swarms of Officers to harrass our people, and eat out their substance. —— He has kept among us, in times of peace, Standing Armies without the Consent of our legislatures. —— He has affected to render the Military independent of and superior to the Civil power. —— He has combined with others to subject us to a jurisdiction foreign to our constitution, and unacknowledged by our laws; giving his Assent to their Acts of pretended Legislation: — For Quartering large bodies of armed troops among us: — For protecting them, by a mock Trial, from punishment for any Murders which they should commit on the Inhabitants of these States: — For cutting off our Trade with all parts of the world: — For imposing Taxes on us without our Consent: — For depriving us in many cases, of the benefits of Trial by Jury: — For transporting us beyond Seas to be tried for pretended offences — For abolishing the free System of English Laws in a neighbouring Province, establishing therein an Arbitrary government, and enlarging its Boundaries so as to render it at once an example and fit instrument for introducing the same absolute rule into these Colonies: — For taking away our Charters, abolishing our most valuable Laws, and altering fundamentally the Forms of our Governments: — For suspending our own Legislatures, and declaring themselves invested with power to legislate for us in all cases whatsoever. — He has abdicated Government here, by declaring us out of his Protection and waging War against us. —— He has plundered our seas, ravaged our Coasts, burnt our towns, and destroyed the lives of our people. —— He is at this time transporting large Armies of foreign Mercenaries to compleat the works of death, desolation and tyranny, already begun with circumstances of Cruelty & perfidy scarcely paralleled in the most barbarous ages, and totally unworthy the Head of a civilized nation. —— He has constrained our fellow Citizens taken Captive on the high Seas to bear Arms against their Country, to become the executioners of their friends and Brethren, or to fall themselves by their Hands. —— He has excited domestic insurrections amongst us, and has endeavoured to bring on the inhabitants of our frontiers, the merciless Indian Savages, whose known rule of warfare, is an undistinguished destruction of all ages, sexes and conditions. In every stage of these Oppressions We have Petitioned for Redress in the most humble terms: Our repeated Petitions have been answered only by repeated injury. A Prince, whose character is thus marked by every act which may define a Tyrant, is unfit to be the ruler of a free people. Nor have We been wanting in attentions to our Brittish brethren. We have warned them from time to time of attempts by their legislature to extend an unwarrantable jurisdiction over us. We have reminded them of the circumstances of our emigration and settlement here. We have appealed to their native justice and magnanimity, and we have conjured them by the ties of our common kindred to disavow these usurpations, which, would inevitably interrupt our connections and correspondence. They too have been deaf to the voice of justice and of consanguinity. We must, therefore, acquiesce in the necessity, which denounces our Separation, and hold them, as we hold the rest of mankind, Enemies in War, in Peace Friends. ——

We, therefore, the Representatives of the united States of America, in General Congress, Assembled, appealing to the Supreme Judge of the world for the rectitude of our intentions, do, in the Name, and by Authority of the good People of these Colonies, solemnly publish and declare, That these United Colonies are, and of Right ought to be Free and Independent States; that they are Absolved from all Allegiance to the British Crown, and that all political connection between them and the State of Great Britain, is and ought to be totally dissolved; and that as Free and Independent States, they have full Power to levy War, conclude Peace, contract Alliances, establish Commerce, and to do all other Acts and Things which Independent States may of right do. —— And for the support of this Declaration, with a firm reliance on the protection of divine Providence, we mutually pledge to each other our Lives, our Fortunes and our sacred Honor.

Button Gwinnett
Lyman Hall
Geo Walton.

Wm Hooper
Joseph Hewes,
John Penn

Edward Rutledge.
Thos Heyward Junr.
Thomas Lynch Junr.
Arthur Middleton

John Hancock

Samuel Chase
Wm Paca
Thos Stone
Charles Carroll of Carrollton

George Wythe
Richard Henry Lee
Th Jefferson
Benja Harrison
Thos Nelson jr.
Francis Lightfoot Lee
Carter Braxton

Robt Morris
Benjamin Rush
Benja Franklin
John Morton
Geo Clymer
Jas Smith
Geo Taylor
James Wilson
Geo Ross
Caesar Rodney
Geo Read
Tho M:Kean

Wm Floyd
Phil. Livingston
Frans Lewis
Lewis Morris

Richd Stockton
Jno Witherspoon
Fras Hopkinson
John Hart
Abra Clark

Josiah Bartlett
Wm Whipple
Saml Adams
John Adams
Robt Treat Paine
Elbridge Gerry
Step Hopkins
William Ellery
Roger Sherman
Sam el Huntington
Wm Williams
Oliver Wolcott
Matthew Thornton

《美國獨立宣言》文稿

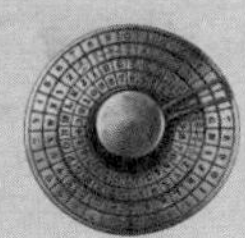

特·定·代·碼

思想獨到的巴貝奇教授

巴貝奇教授（Charles Babbage, 1792 ～1871）這位性格相當獨特的英國發明家，無疑是十九世紀密碼學史上最讓人著迷的人物之一。

查爾斯·巴貝奇有著絕頂聰明的頭腦。他不但制定了標準郵費，編寫出第一份可靠的精算表，也發明一種計速器，並發現樹木年輪的寬度與該年天氣有關。

儘管如此，巴貝奇最眾所周知的貢獻卻是在機械計算方面。在巴氏的自傳中，他提到1812年自己某次坐在位於劍橋的分析協會裡，對著攤在面前一整桌的對數作白日夢。「另一位會員走進房間裡看到半夢半醒的我，大喊道：『巴貝奇，你在作什麼夢？』我回答：『我正在想，這些表（指著桌上的對數）應可用機器來計算。』」

到1820年代早期，巴貝奇已構想出一項計畫，想要建造出一個能夠以相當高的精確度計算此類表格的機器。他將這台機器稱為「差分機」（Difference Engine），而且認為這台機器將需要兩萬五千個零件，總重約十五噸。儘管巴貝奇向英國政府爭取到一萬七千英鎊（超過三萬美金）的經費，並且自掏腰包投注了相當多資金和心力，卻未能完成這台機器。

差不多在差分機的建造計畫停頓之際，巴貝奇又發展出另一個更了不起的概念——分析機（Analytical Engine），一台能夠解決各種計算問題的機器。這個機器可以說是可編程計算機的前驅，而巴氏直到1871年去世以前，都持續不斷地修正這個概念。

查爾斯·巴貝奇

巴貝奇出生於西元1792年。他對數學的興趣，似乎可以回溯到他體弱多病的童年。此外，巴氏很早就對密碼分析產生興趣，他在稍後也回憶道，自己這樣的嗜好有時會讓校內年紀較長的同學感到極度不悅。「年長的男孩會製作密碼，不過如果我能抓到幾個字，通常就能找到密鑰，」他寫道，「這種聰明才智偶爾會帶來讓人難堪的結果。儘管密碼被破解是因為那些人的愚蠢，他們有時候還是會把我痛打一頓。」

雖然老是挨揍，巴貝奇對密碼學的興趣並未因此減低，而且在成年以後，甚至成為某種程度上的社會密碼分析家。舉例來說，巴貝奇在1850年解開了英王查理一世之妻亨莉雅姐·瑪利亞的一個密碼，也幫助一位傳記作家解讀了英國首位皇家天文學家約翰·佛蘭斯提（John

西元1834年的分析機

Flamsteed）以速記法寫下的一封短箋。西元1854年，也有一位律師請他協助解讀一些密碼文信件，以作為調查案件的證據之用。

巴貝奇和與他同時期的惠斯頓與波雷費兩位一樣，嗜好解讀報紙人事廣告欄的密碼訊息，不過巴貝奇的興趣並不僅限於破解簡單密碼而已，事實上，巴貝奇目前能如此為人所熟知，也是因為他能破解一些據稱是無法破解的多字母密碼。

儘管巴貝奇對人類做出了卓越貢獻，他的成就卻直到現代才完全受到重視。就如他憑空想像出的許多概念一樣，巴貝奇在密碼學上的努力大部分都沒有被發表。有些人認為，這些作品在英國祕密情報局的堅持下受到保密，因為情報局利用這些資訊來破解敵人通訊，所以並不希望將它們公諸於世。

同個時候，普魯士的退休軍官弗里德里希・卡西斯基（Friedrich Kasiski）也正在努力尋找利用重複密鑰破解多字母密碼的方法。

1863年，卡西斯基出版了一本輕薄短小卻意義重大的書籍，書名為《密寫術與解碼藝術》（*Die Geheimschriften und die Dechiffrierkunst*），在書中針對多字母密碼這種數世紀以來一直困擾著密碼分析師的密碼，提出了解密的一般原則。卡西斯基在這本九十五頁的小書裡，建議密碼分析師在懷疑自己遇到多字母密碼時，應「計算重複性密碼字母之間的距離……努力將這個數字分解成它的因數……最常出現的因數就是密鑰的字母數」。

西元1871年10月21日拿著《波邁公報》標語牌的報童。標語牌上是當天頭條標題，其中有一則是「巴貝奇之死」。

破解維熱納爾密碼

巴貝奇也是破解維熱納爾密碼的第一人。維熱納爾這種利用自動密鑰（autokey）並將明文和密鑰結合的密碼堅不可摧，要使用自動密鑰撰寫密碼時，你可以從一個簡短的關鍵字，把它當成密鑰的起始字母，然後將明文訊息文字放在這個關鍵字之後，一起當成密鑰使用。此系統的好處，在於寄件人和收件人都只需要知道起始密鑰即可，並且能夠避免重複性密鑰的缺點。

假設你要傳送的訊息是「begin the attack at dawn」（黎明發動攻擊），並以「rosemary」當作關鍵字，那麼，「rosemarybegintheattackatdawn」就成了你的密鑰。就像其他維熱納爾方陣加密一樣，首列是用來找出密鑰與明文之間的相對應字母。用手指沿著直行往下找，直至找到以關鍵字母爲起始字母的橫列爲止。

對關鍵字母「r」和明文字母「b」來說，密碼字母是「S」，是以「r」爲首的橫列和以「b」爲首的直行兩者交會點出現的字母。

加密過程剛開始看來如下：

明文	b	e	g	i	n	t	h	e	a	t	t	a	c	k	a	t	d	a	w	n
密鑰	r	o	s	e	m	a	r	y	b	e	g	i	n	t	h	e	a	t	t	a
密碼文	S	S	Y	M	Z	T	Y	C	B	X	Z	I	P	D	H	X	D	T	P	N

如此一來，密碼文就變成SSYMZTYCBXZIPDHXDTPN。

對訊息收件人來說（或是知道關鍵字是「rosemary」的任何人而言），替這則訊息解碼是很直接了當的事情。首先，將利用「rosemary」加密的明文字母解出來。你可以先在以關鍵字母爲起始字母的橫列上，一一找到密碼文字母並對應出明文字母。以第一個字母爲例，你可以先在以「r」字母爲首的橫列上找到字母「S」，之後往上看，找到位於該行最上方的明文字母，就此例而言爲字母「b」。

一旦你譯出對應到「rosemary」的密碼文以後，你就會得到訊息的第一個部分「begin the」。現在，你便可將「begin the」這八個字母當成關鍵字，把密碼文中接下來八個字母譯出來。持續重複這個步驟，直到完全解讀訊息爲止。

找出關鍵字長度是至關緊要的，因爲這讓密碼分析師能根據關鍵字字母長度來排列密碼文。

之後，就可以將這些排列好的密碼文當成單字母密碼來處理。突然之間，你再也不是面對著一個以不同字母組成且字母數未知的密鑰處理過的密碼訊息，反而能知道密碼文裡有哪些字母是使用同樣的密碼字母進行加密的。將這些字母集合起來，你就能以頻度分析或其他處理單字母密碼的技巧來處理。這樣的程序，後來被稱爲「卡西斯基試驗」（Kasiski examination）。

讓我們以下列這段摘字美軍密碼作業手冊的密碼文爲例。

FNPDM GJRMF FTFFZ IQKTC LGHAS EOSIM PVLZF LJEWU WTEAH
EOZUA NBHNJ SXFFT JNRGR KOEXP GZSEY XHNFS EZAGU EORHZ
XOMRH ZBLTF BYQDT DAKEI LKSIP UYKSX BTERQ QTWPI SAOSF
TQKTS QLZVE EYVAE JSNFB IFNEI OZJNR RFSPR TEHNJ ROJSI
UOCZB GQPLI STUAE KSSQT EFXUJ NFGKO UHLZF HPRYV TUSCP
JDJSE BLSYU IXDSJ JAEVF KJNQF

第一個步驟是找出重複的密碼文序列，就理想而言，長度應在三個字母以上。在上面的密碼文中，已經把重複序列用底線標示出來。接下來，分析這些重複序列之間的距離，計算時應從第一個重複序列的第一個字母爲準，一直算到下一個重複序列出現之前的字母。

然後你就可以計算這些距離數字可能有哪些因數。

重複序列	距離	可能因數
FFT	48 個字母	3、4、6、8、12
QKT	120	3、4、5、6、8、10、12
LZF	180	3、4、6、10、12、15
HNJ	120	3、4、5、6、8、10、12
JNR	102	3、6
RHZ	6	3、6

同時出現在每一個重複序列的因數爲「6」，因此，下一步是將密碼文按順序寫成六個直行。根據關鍵字字母數爲六的原則來著手處理，假設每個直行都是以一個密碼字母來進行加密的。

1	2	3	4	5	6
F	N	P	D	M	G
J	R	M	F	F	T
F	F	Z	I	Q	K
T	C	L	G	H	A
S	E	O	S	I	M
P	V	L	Z	F	L
J	E	W	U	W	T
E	A	H	E	O	Z
U	A	N	B	H	N
J	S	X	F	F	T
J	N	R	G	R	K
O	E	X	P	G	Z
S	E	Y	X	H	N
F	S	E	Z	A	G
U	E	O	R	H	Z
X	O	M	R	H	Z
B	L	T	F	B	Y
Q	D	T	D	A	K
E	I	L	K	S	I
P	U	Y	K	S	X
B	T	E	R	Q	Q
T	W	P	I	S	A
O	S	F	T	Q	K
T	S	Q	L	Z	V
E	E	Y	V	A	E
J	S	N	F	B	I
F	N	E	I	O	Z
J	N	R	R	F	S
P	R	T	E	H	N
J	R	O	J	S	I
U	O	C	Z	B	G
Q	P	L	I	S	T
U	A	E	K	S	S
Q	T	E	F	X	U
J	N	F	G	K	O
U	H	L	Z	F	H
P	R	Y	V	T	U
S	C	P	J	D	J
S	E	B	L	S	Y
U	I	X	D	S	J
J	A	E	V	F	K
J	N	Q	F		

現在，我們可以針對每一行計算頻度。

就第一行而言，我們得到下列頻度。

* — 表示2　- 表示1

```
                  —
                  —
                  —                     —
        — —       —           — —   — — —
  —     - —       —         — — -   — - —     -
A B C D E F G H I J K L M N O P Q R S T U V W X Y Z
```

密碼分析師可以在這種頻度分布之中找到一些線索。最頻繁出現的字母「J」代替的可能是字母「e」嗎？另一方面，在「OPQ」和「STU」兩個字母群組出現高峰，根據一般英文文章的字母標準頻度分析來推論，它們也許分別代表「nop」和「rst」。果真如此，那麼密碼文的「B」就可能代表明文的「A」，如此類推下去。

當你在第二行重複進行這個步驟時，你會得到一個完全不同的景象：

```
        —
        —                 —         —
—       —                 —       — —
—   — - - -   - —         — — -   — - — - - -
A B C D E F G H I J K L M N O P Q R S T U V W X Y Z
```

這個分布模式與標準字母頻度非常接近，也許在這些字母之中，明文和密碼文字母是一樣的？

一旦你開始針對密碼文中每個字母的解密動作進行猜測，你就可以開始把推論的對應字母置換回去，看看這樣解出來的文字是否有意義。

在下頁的例子中，一開始就假設先前猜測是正確的，然後以此進行解密。因此，就圖表左方的第一行來說，我們進行了凱撒位移，將字母往後推移一個位置——如此一來，密碼字母「B」就成了明文的「a」，「C」變成「b」，「F」變成「e」，如此類推。

在第二行當中，明文和密碼文是一樣的，因此無須進行任何改變。我們也將第五行的解決方案，亦即偏移數字爲十二的凱撒位移納入其中。

在這個已經部分解密且關鍵字長度爲六個字母的多字母密碼中，密碼文被分成六行進行排列，每一行分別代表以同一關鍵字字母加密過後的密碼文（如下）。在這個例子中，只針對第一、第二和第五行解密。上方字母爲解密後的明文，下方爲密碼文。

即使只解開三個字母，部分明文已經很清楚了。舉例來說，在軍事脈絡中，第一個字，我們可以從表格中看出來是「en□□y」，「enemy」（敵人）可能是合理的猜測。

1	2	3	4	5	6
e F	n N	e P	m D	y M	a G
i J	r R	b M	o F	r F	n T
e F	f F	o Z	r I	c Q	e K
s T	c C	a L	p G	t H	u A
r S	e E	d O	b S	u I	g M
o P	v V	a L	i Z	r F	f L
i J	e E	l W	d U	i W	n T
d E	a A	w H	n E	a O	t Z
t U	a A	c N	k B	t H	h N
i J	s S	m X	o F	r F	n T
i J	n N	g R	p G	d R	e K
n O	e E	m X	y P	s G	t Z
r S	e E	n Y	g X	t H	h N
e F	s S	t E	i Z	m A	a G

1		2		3		4		5		6	
U	t	E	e	O	d	R	a	H	t	Z	t
X	w	O	o	M	b	R	a	H	t	Z	t
B	a	L	l	T	i	F	o	B	n	Y	s
Q	p	D	d	T	i	D	m	A	m	K	e
E	d	I	i	L	a	K	t	S	e	I	c
P	o	U	u	Y	n	K	t	S	e	X	r
B	a	T	t	E	t	R	a	Q	c	Q	k
T	s	W	w	P	e	I	r	S	e	A	u
O	n	S	s	F	u	T	c	Q	c	K	e
T	s	S	s	Q	f	L	u	Z	l	V	p
E	d	E	e	Y	n	V	e	A	m	E	y
J	i	S	s	N	c	F	o	B	n	I	c
F	e	N	n	E	t	I	r	O	a	Z	t
J	i	N	n	R	g	R	a	F	r	S	m
P	o	R	r	T	i	E	n	H	t	N	h
J	i	R	r	O	d	J	s	S	e	I	c
U	t	O	o	C	r	Z	i	B	n	G	a
Q	p	P	p	L	a	I	r	S	e	T	n
U	t	A	a	E	t	K	t	S	e	S	m
Q	p	T	t	E	t	F	o	X	j	U	o
J	i	N	n	F	u	G	p	K	w	O	i
U	t	H	h	L	a	Z	i	F	r	H	b
P	o	R	r	Y	n	V	e	T	f	U	o
S	r	C	c	P	e	J	s	D	p	J	d
S	r	E	e	B	q	L	u	S	e	Y	s
U	t	I	i	X	m	D	m	S	e	J	d
J	i	A	a	E	t	V	e	F	r	K	e
J	i	N	n	Q	f	F	o				

* 黑字為密文，紅字為破解後明文。

根據上表破譯的完整明文爲：

「*enemy airborne forces captured bugov airfield in dawn attack this morning pd enemy strength estimated at two battalions pd immediate counter attacks were unsuccessful pd enemy is concentrating armor in third sector in apparent attempt to join up with airborne forces pd request immediate reinforcements pd.*」

（*黎明佔領布果夫機場的敵方空軍今早發動攻擊。敵方軍力估計為兩營。即刻反擊未竟全功。敵軍將軍力集中在第三區，顯然打算與其他空軍會合。請求即刻增援。*）

在這個例子中，明文中的「pd」代表句號。

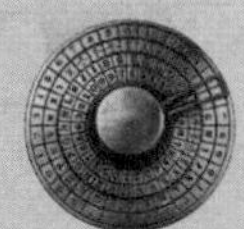

特·定·代·碼

波雷費密碼

西元1854年年初，蘇格蘭科學家暨國會議員萊昂·波雷費受邀參加一場由理事會主席格朗維爾爵士舉辦的晚宴。

波雷費在當晚向在場賓客提到一種由他的好友查爾斯·惠斯頓設計的新密碼，據說能增進電報通信的安全性。

這種密碼是率先採用雙字母置換的密碼，也就是說，字母是成雙成對而非單獨置換。

在使用這種密碼時，先選一個寄件人與收件人都知道的關鍵字──在此以「SQUARE」為例。在一個五乘五的矩陣中寫下關鍵字（省去關鍵字中任何重複的字母），然後接著按順序寫下字母表的其他字母，並將字母「I」和「J」寫在同一格內：

S	Q	U	A	R
E	B	C	D	F
G	H	IJ	K	L
M	N	O	P	T
V	W	X	Y	Z

在替訊息加密時，將明文以兩字母一組的方式分割，並在任何重複字母的中間插入字母「x」，若最後只剩下一個字母，則在後方加入一個字母「x」，使其成為雙字母組。舉例來說，「common」這個字就會被拆成「co」、「mx」、「mo」、「nx」。

將字母分割處理以後，這些字母組又再度被分成三大類，包括兩字母在矩陣中同屬一行、兩字母在矩陣中同屬一列，以及兩字母分屬不同行列者。

同屬一列的字母組，分別用右方字母取代之，如此一來，「np」就成了「OT」。矩陣中的每一行列都被視為獨立的循環，舉例來說，字母「r」的「右方」為字母「S」。

出現在同一行的字母，則以同樣的方式，用下方字母取代。

若雙字母組的兩個字母分屬不同行列，則用同列中與另一字母同行的字母取代，例如「ep」就成了「DM」。

破解波雷費這種雙字母密碼的方法之一，是在密碼文中尋找最頻繁出現的雙字母組，並將它假設為撰寫明文所使用的語言中最頻繁出現的雙字母組。在英文中，出現頻率最高的雙字母組為「th」、「he」、「an」、「in」、「er」、「re」和「es」。

另一個祕訣，是在密碼文中尋找顛倒的字母組，例如「BF」和「FB」。在以波雷費法加密的密碼文中，這些字母經過解密以後總會對應到明文中同模式的字母組，如「DE」和「ED」。

密碼分析家若研究密碼文中相鄰近的顛倒雙字母組，將它們與已知明文單字中包含同樣模式的部分相比較，例如英文中的「REvERsed」或「DEfeatED」，就可能開始成功地建構出關鍵字。

惠斯頓和波雷費把這種加密方法提報給當時的外交部副部長，不過副部長認為這種方法太過複雜。惠斯頓提出反駁，表示它只要十五分鐘便可完成加密，而且可

萊昂·波雷費，聖安德魯斯男爵

以把這種技巧傳授給最鄰近小學中四分之三的學童。「這是很可能的，」副部長回答道：「不過你永遠無法把這種技巧教給使館人員。」

儘管在一開始抱持懷疑態度，英國國防部最後還是決定採用這種方法。雖然這種方法是由惠斯頓發明的，但由於是由波雷費向英國政府關說遊說而受到採納，所以人們將這種方法稱為「波雷費加密法」。

美國南北戰爭時期的密碼

西元1861年4月12日，美利堅合眾國軍隊將軍博雷加德（P.G.T Beauregard）向南卡羅萊納州查爾斯頓的薩姆特堡開火，揭開了美國南北戰爭的序幕。沒多久以後，俄亥俄州州長傳喚了一位年三十六歲、名叫安森・史塔格（Anson Stager, 1825～1885）的電報員至州政府報到。

俄亥俄州州長體認到，戰事爆發使得電報通訊的安全性成爲一個至關重要的問題，因此向史塔格提出兩項要求：研究出一套讓俄亥俄州、伊利諾州和印第安納州諸位州長能安全透過電報進行通訊的系統，並且承擔起掌控俄亥俄州軍區電報線路的職責。

史塔格是位極佳的人選。在薩繆爾・摩斯於西元1844年建立起電報的時候，史塔格只有十九歲。史塔格曾在紐約州羅徹斯特市亨利・奧賴利的印刷廠裡擔任學徒，希望能投身印刷業；不過到了1846年，史塔格初次接觸到電報的世界。

奧賴利架設了賓夕法尼亞州的電報線路，並派史塔格負責其中一個電報站。奧賴利的電報事業隨著時間擴展，史塔格的責任愈形重大，也因此遷居到俄亥俄州，負責管理該州電報線路，最後在西元1856年新成立的西聯電報公司擔任總裁。

應州長要求，史塔格發展出一種簡單卻具高效益的密碼系統。有關該系統優點的消息，很快地就傳到美利堅合眾國陸軍少將喬治・麥克萊倫（George B. McClellan）的耳中，而麥氏隨後也向史塔格提出要求，請他利用同樣的思路構想出軍事密碼。

不消多久，史塔格的密碼就在聯軍裡廣爲流傳，而這種方法的簡易性與可靠性，更讓它成爲美國南北戰爭期間最受廣泛使用的密碼。

就本質而言，這是種利用「字詞置換」或將訊息中字詞順序重新排列爲基礎的方法。這種方法是將訊息明文先以橫向書寫排列，然後再按直向抄寫成另一則訊息。這種利用一般文字而非不連貫字母群組的方法，使訊息意義較不易受到錯誤所影響。

隨著戰事的進展，史塔格和聯軍密碼員針對「聯軍路由密

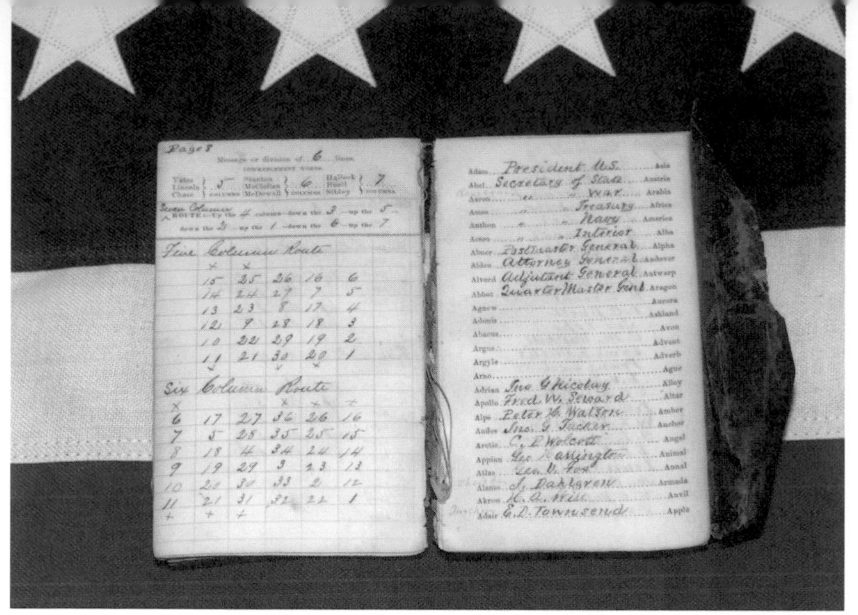

美國內戰時期使用的代號手冊

碼」（Union route cipher）發展出十個不同的版本，每個版本都用了不同的代號文字，代替明文訊息內的字詞，並且選擇了各種不同的路徑向上向下交織著每一行文字。（➡請見第84～85頁「密碼分析」）

到了二十世紀，美國密碼界巨擘威廉・弗里德曼對聯軍系統這種欠缺複雜性的密碼大表蔑視。儘管如此，事實證明這個系統的效率極佳，南部聯邦軍隊一直都無法破解北方美利堅合眾國的加密訊息。

南部聯邦軍隊並沒有達到同樣的安全層級。這些反政府人士通常使用維熱納爾密碼，而傳送上的錯誤尤讓他們麻煩不斷。

南部聯邦的通信安全，也因為一個在白宮旁陸軍部工作的三位年輕密碼員而飽受威脅。這三名年輕人——大衛・荷馬・貝茲（David Homer Bates）、查爾斯・廷克（Charles A. Tinker）和艾伯特・錢德勒（Albert B. Chandler）深受林肯總統信賴，林肯經常從白宮跨過草皮直接走到他們的辦公室，閱讀他們專門為總統準備的訊息複寫本。

在戰爭期間，這三名甫脫離青少年時期的年輕人破解了好幾份南部聯邦的密碼文件，其中包括數封有關叛軍計劃發行公債和印鈔票以供南部聯邦政府使用的書信往來。

聯軍路由密碼

讓我們以一則亞伯拉罕·林肯在西元1863年年中傳送的訊息，說明這種方法如何運行。

For Colonel Ludlow.

Richardson and Brown, correspondents of the Tribune, captured at Vicksburg, are detained at Richmond. Please ascertain why they are detained and get them off if you can. The President. 4.30 p.m.

致勒德羅上校，

理查森和布朗兩位論壇報記者在維克斯堡被捕，目前被扣押在里奇蒙。請查明他們受到扣押的原因，若有可能亦設法搭救。總統。下午四點三十分。

當時使用的密碼系統所使用的代號字包括以「VENUS」代替「colonel」、「WAYLAND」代替「captured」、「ODOR」代替「Vicksburg」、「NEPTUNE」代替「Richmond」、「ADAM」代替「President of US」，以及「NELLY」代替「4.30 p.m」。

以代號置換明文訊息中的對應字以後，訊息就成了：

For VENUS Ludlow

Richardson and Brown, correspondents of the Tribune, WAYLAND at ODOR, are detained at NEPTUNE. Please ascertain why they are detained and get them off if you can. ADAM. NELLY

致維納斯·勒德羅，

理查森和布朗兩位奧多威蘭論壇報通訊員被扣押在海王星。請查明他們受到扣押的原因，若有可能亦設法搭救。亞當。奈利。

要替這則訊息加密，密碼操作員必須選擇一條路徑。就這個例子而言，他選擇了「衛兵」（GUARD）路徑，訊息必須寫成七列五欄的形式，並加入「空值字」或無意義文字以完成這個長方形文字矩陣。在這個表格中，明文字詞採小寫，代號字則完全大寫：

For	VENUS	Ludlow	Richardson	And
Brown	Correspondents	Of	The	Tribune
Wayland	At	ODOR	Are	Detained
At	NEPTUNE	Please	Ascertain	Why
They	Are	Detained	And	Get
Them	Off	If	You	Can
ADAM	NELLY	THIS	FILLS	UP

就此例而言，密碼員在進行字詞位置置換的順序是先從第一欄由下往上，然後從第二欄由上往下，再到第五欄由下往上，接著是第四行由上往下，最後再由第三欄由下往上。為了提高安全性，也在每欄末端加入其他無意義的「空值」字。

GUARD ADAM THEM THEY AT WAYLAND BROWN FOR	KISSING
VENUS CORRESPONDENTS AT NEPTUNE ARE OFF NELLY	TURNING
UP CAN GET WHY DETAINED TRIBUNE AND	TIMES
RICHARDSON THE ARE ASCERTAIN AND YOU FILLS	BELLY
THIS IF DETAINED PLEASE ODOR OF LUDLOW	COMMISSIONER

因此，最後的密碼文為：

GUARD ADAM THEM THEY AT WAYLAND BROWN FOR KISSING VENUS CORRESPONDENTS AT NEPTUNE ARE OFF NELLY TURNING UP CAN GET WHY DETAINED TRIBUNE AND TIMES RICHARDSON THE ARE ASCERTAIN AND YOU FILLS BELLY THIS IF DETAINED PLEASE ODOR OF LUDLOW COMMISSIONER

聯軍於西元1863年攻破密西西比州維克斯堡的景象。

偉大的柯克霍夫

大約在美國南北戰爭期間，在離法國巴黎二十五英里遠的慕倫小鎮，住著一名名叫奧古斯特・柯克霍夫（Auguste Kerckhoffs, 1835～1903）的學校教師。倘若美國南部聯邦政府可在那個時候知道這號人物，在破解聯軍密碼方面絕對能夠獲得非常大的助益。

柯克霍夫是位高明的語言學家，興趣非常廣泛。西元1883年，在花了大半輩子於中學與大學執教鞭以後，柯氏寫下了一本對法國密碼界影響深遠的著作，其影響力甚至跨越國界，流傳到法國以外的地區。

柯氏的這本著作《軍事密碼》（*La Cryptographie Militaire*）原本是兩篇發表在法國《軍事科學期刊》的論文。柯氏在文章中以批判性的眼光評論了密碼藝術的現況，呼籲法國人在此方面加以改進。讓柯克霍夫尤其關注的，是要針對當代密碼界主要問題尋求解決之道，也就是找到一個適合用在電報傳訊、容易使用且夠簡單的保密系統。

在第一篇論文中，柯克霍夫提出六項聲明，至今仍是發展欄塊密碼的基準。根據柯氏的說法，軍事密碼的必要條件可歸納如下：

一、系統大體上是無法破解的；

二、保密不應爲密碼系統的必要條件，即使被敵人截獲也不會造成問題；

三、密鑰必須容易溝通與記憶，不需筆記輔助；密鑰也應該能因應不同使用者的需求，容易更改或修正之；

四、系統必須與電信通訊技術相容；

五、系統必須便於攜帶，而且方便一人單獨操作；

六、系統必須便於使用，同時不會造成使用者的心理壓力或要求使用者記住一系列冗長的規則。

這六項法則之中以第二項最有名。它的意思是說，即使密碼系統中除了密鑰以外的一切俱屬公共知識，其安全性仍不會因此受到影響。密碼學家將這項原則稱爲「柯克霍夫法則」。

柯克霍夫的著作也包括了幾項密碼分析的重大進展。當代著名密碼史學家大衛・卡恩（David Kahn）就表示，柯氏在其著作中確立了「密碼分析界的嚴酷考驗，確立了唯一能通過軍事密碼試驗的原則」，即使到現在，這個原則依然適用。

這本書的出版對當時的密碼界當然也造成了很大的影響。法國政府買了數百本之多，使得這本書受到廣泛閱讀，因此在整個法國地區造成了密碼學的復甦。而在第一次世界大戰醞釀期間，法國在密碼學方面的優勢，證實是極具效用的有利條件。

未解之謎

艾爾加的另一個謎——朵拉貝拉密碼

艾德華・艾爾加

艾德華・艾爾加（Edward Elgar, 1857～1934）這位英國最著名的作曲家之一，長期以來都沉浸在密碼和謎語的世界裡。舉例來說，艾爾加深受眾人喜愛的名作《謎語變奏曲》，之所以會如此稱呼，是因為他在西元1899年該曲首演的節目單曲目說明上所寫下的一則神祕評論。

「我將不針對這個謎題提出解釋，」艾爾加寫道，「這首曲子的『祕密意涵』必不能讓人猜透，聽我的勸，變奏和主題之間的明顯關連性通常是最微不足道的紋理；更者，整首樂曲從頭到尾都有另一個更龐大的主題加以『貫穿』，不過這個主題並沒有被演奏出來。」

艾爾加對這種隱含意義的著迷，其實也延伸到了音樂以外的範疇。在艾爾加寫給朋友的信件中，處處都語帶雙關，也常常出現音樂謎題，而艾爾加更將其家庭住房的其中一間命名為「克雷格雷亞」（Craeg Lea），也就是在妻子的名字卡莉絲（Carice）和艾莉絲（Alice）與自己的名字艾德華（Edward）中取了名字的首字母，加上其姓氏艾爾加（ELGAR）並將字母重新排列組合而成的居所名。

艾爾加對密碼學非常沉迷，其中最有名的例子之一，可以回溯到《謎語變奏曲》首演的兩年以前。西元1897年7月14日，艾爾加把一封以密碼寫成的信寄給他的年輕友人，而截至目前為止，尚且無人真正解開這封信的謎題，找到令人滿意的解答。

這封信的收件人是朵拉・彭尼（Dora Penny），伍爾弗漢普頓聖彼得教區牧師阿爾弗雷德・彭尼（Alfred Penny）那位年方二十二歲的女兒。自1890年代晚期到1913年爲止，彭尼與艾爾加和他的妻子艾莉絲交往甚密，而艾莉絲在她的作品《艾德華・艾爾加：變奏曲的記憶》一書中也曾提到這一點。在艾爾加寄出那封密碼信的時候，朵拉和艾爾加夫婦曾見過幾次面。

朵拉寫道：「艾爾加對謎題、密碼等諸如此類的東西非常感興趣是眾所周知的。在此附上的密碼——我從艾氏手上收到的第三封信，如果它果真是一封信的話——是隨附在一封（艾爾加之妻）寄給我繼母的信裡一起來的。信的背後寫著『彭尼小姐』。艾氏夫婦隨後在1897年七月前來伍爾弗漢普頓拜訪我們。我從來都沒想透這訊息到底要傳達些什麼；艾爾加從來不曾向我解釋，而我所有的解密嘗試都告失敗了。若有任何讀者能成功提出解答，我會非常樂意聽聞。」

朵拉是《謎語變奏曲》中第十變奏（朵拉貝拉）的靈感來源，有些人因此推測，艾爾加寄給朵拉的密碼或可提供線索，讓人更瞭解這首變奏曲的深層意涵。朵拉後來曾經向艾爾加問過《謎語變奏曲》的祕密，艾爾加回答道：「我以爲在所有人之中唯有妳猜得到。」朵拉於1964年身歿，如果朵拉本身保守著這些謎團的祕密，那麼破解的希望，或許也隨著她的辭世而一起破滅。

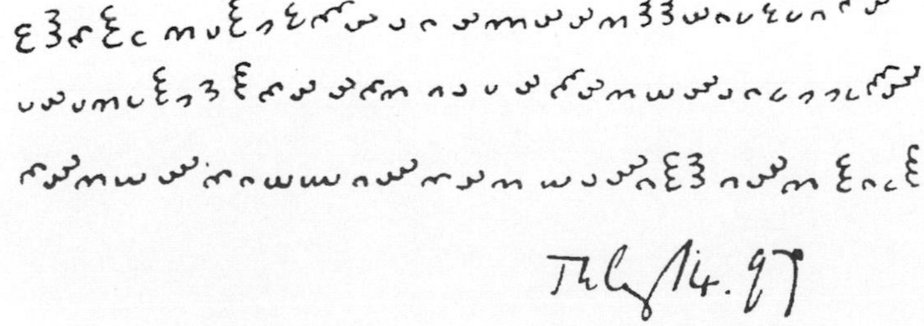

朵拉・彭尼

神祕的朵拉貝拉密碼

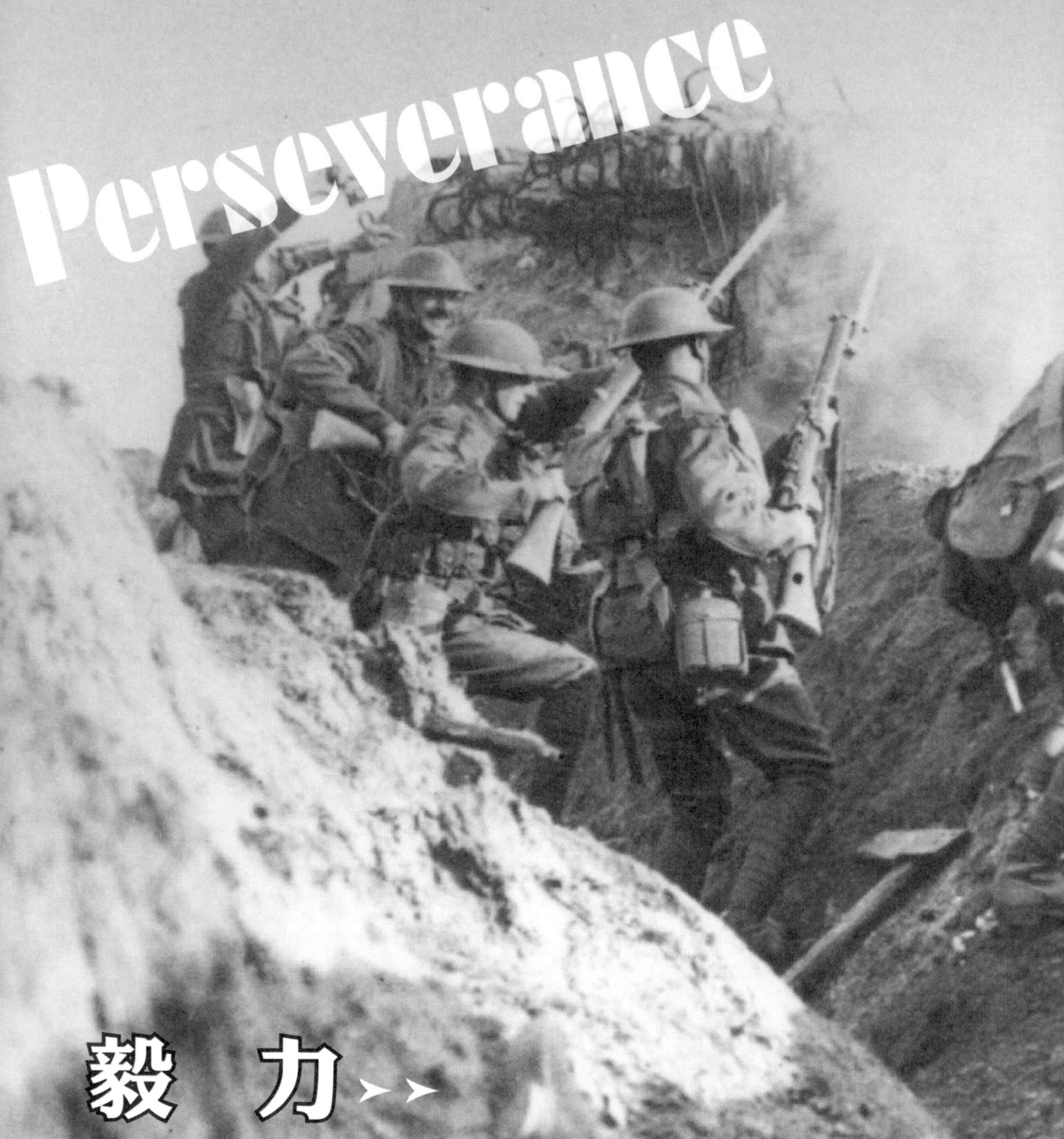

毅　力

刻意作對反而幫助了謎密碼機和其他戰時密碼的破解。
齊默爾曼電報、ADFGX密碼、冷戰時期代碼、
薇諾娜代碼與納瓦荷通信員。

4

前頁圖：
西元1914年第一次世界大戰期間以戰壕為掩護的英國士兵們，試圖打破德軍從艾佩伊到貝格利庫的防線。

歷史的洪流可能取決於密碼破解的成功與否，在戰爭期間尤其如此。無論對哪個國家來說，未受破解的密碼均足以成爲最強大有力的武器。軍事領袖可以在確信自身戰略不會被敵軍預料到的狀況下，傳送訊息給前線部隊。假使密碼受到破解，它就可能反過來對主人造成傷害。如果敵人有辦法讀到你最祕密的訊息，而你對密碼遭到破解一事卻渾然不知，那麼這種情況絕對可以毀了你最完美的軍事計畫。

這也就表示，在最近期的幾場戰事中，密碼學家和密碼分析師都相互面臨實戰，而戰場的風雲變化端看哪一方佔了上風。因此，密碼員和解碼員等於上了前線，如果不是親身上戰場，至少在精神上確實如此。和親自在戰場上衝鋒陷陣的軍人不同的是，密碼員和解碼員的努力通常深藏於祕密之中，只有在多年甚至數十年以後，當他們製作和破解的密碼除了歷史意義以外再也無關緊要之後，才會被揭露。

第一次世界大戰——齊默爾曼電報

「齊默爾曼電報」（Zimmerman Telegram）是戰時編碼訊息的典型例子，就密碼分析而言，它可以說是最重要的成功典範；而隨後而來的解密，更是改變了戰爭情勢的走向。

這封電報是西元1917年1月16日由德國外交大臣亞瑟・齊默爾曼（Arthur Zimmerman）拍給德國駐墨西哥大使海因里希・馮・埃卡爾特（Heinrich von Eckardt）的。在德國方面渾然不覺的狀況下，這封電報的內容被英國解碼小組「四十號辦公室」（Room 40）截獲。該小組之名，來自於其所在位置位於倫敦懷特霍爾海軍部大樓的同名辦公室，它成立於第一次世界大戰甫爆發之際，一直是

皇家空軍新兵在培訓站學習摩斯電碼的景象，攝於1945年。

英軍解密的核心機構，直到1919年英國政府整合海軍與陸軍部所屬密碼機構，成立了政府密碼代號學院以後，四十號辦公室才功成身退。

這封電報以一種稱爲「0075」的代碼進行加密，它的破譯，一部分是因爲英軍手上有一本德軍的代碼手冊，與該類密碼從前的一個版本有關。

破譯後的電報如下：

我們計劃於2月1日開始實施無限制潛艇戰。儘管如此，我們應竭力使美國保持中立。如計畫失敗，我們建議在下列基礎上與墨西哥結盟：協同作戰，共同締結和平，我們將會向貴國提供大量資金援助，而墨西哥也能重新收復在新墨西哥州、德州和亞利桑那州失去的國土。建議書的細節將由您們草擬。請務必在確定將與美國開戰時，把此計畫以最高機密告知貴國總統，並建議他主動邀請日本立刻參與此計畫，同時在我國與日本之間進行談判斡旋。請轉告貴總統，我們強大的潛水艇隊將迫使英國在幾個月之內求和。

齊默爾曼

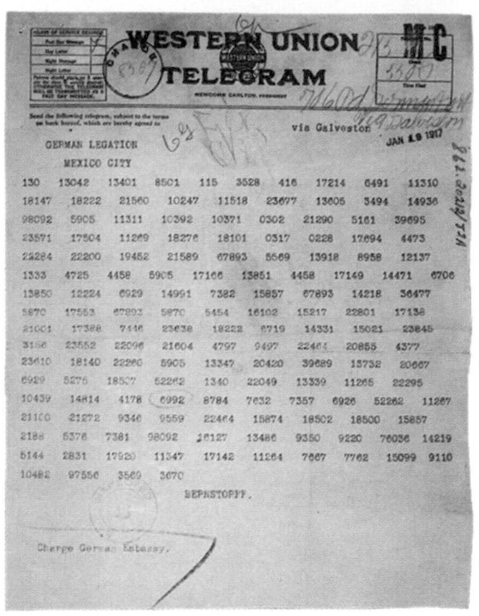

WESTERN UNION TELEGRAM

via Galveston

JAN 19 1917

GERMAN LEGATION

MEXICO CITY

130 13042 13401 8501 115 3528 416 17214 6491 11310
18147 18222 21560 10247 11518 23677 13605 3494 14936
98092 5905 11311 10392 10371 0302 21290 5161 39695
23571 17504 11269 18276 18101 0317 0228 17694 4473
22284 22200 19452 21589 67893 5569 13918 8958 12137
1333 4725 4458 5905 17166 13851 4458 17149 14471 6706
13850 12224 6929 14991 7382 15857 67893 14218 36477
5870 17553 67893 5870 5454 16102 15217 22801 17138
21001 17388 7446 23638 18222 6719 14331 15021 23845
3156 23552 22096 21604 4797 9497 22464 20855 4377
23610 18140 22260 5905 13347 20420 39689 13732 20667
6929 5275 18507 52262 1340 22049 13339 11265 22295
10439 14814 4178 6992 8784 7632 7357 6926 52262 11267
21100 21272 9346 9559 22464 15874 18502 18500 15857
2188 5376 7381 98092 16127 13486 9350 9220 76036 14219
5144 2831 17920 11347 17142 11264 7667 7762 15099 9110
10482 97556 3569 3670

BERNSTORFF.

Charge German Embassy.

最早的齊默爾曼電報

然而，英國情報機構在破譯出齊默爾曼的電報以後，卻跟許多密碼分析家一樣，面臨了進退兩難的窘境。他們知道這封電報是爆炸性的政治消息——若是揭露這則消息，將迫使美國向德國宣戰，不過揭露時也就等於向德國人表示，他們的密碼已經被破譯了。

然而沒多久以後，這燙手山芋就被丟出去了。一位英國情報員在墨西哥的公共電報辦公室發現了這封電報的另一個複本，而這封內容相同的電報，是用更早版本的德國密碼進行加密的。電報內容被交到美國政府手上，並於1917年3月1日刊登在美國報紙上。美國國會在短短一個月的時間，便向德國與其他協約國成員宣戰。

我們因此可以說，齊默爾曼電報的解密與隨後導致美國宣布參與第一次世界大戰的結果，加速了戰事尾聲的到來，改變了歷史的進程。

第一次世界大戰——ADFGX密碼

密碼學的有些發展，是將從前加密技術結合運用的結果。德軍在第一次世界大戰期間使用的ADFGX密碼和ADFGVX密碼，就結合了波利比奧斯方陣（➡請見第13頁「密碼分析」）與置換的方法，發明人是弗里茨・納貝爾（Fritz Nebel）上校。ADFGX密碼於西元1918年三月初次上陣。

爲了增加解碼工作的困難度，ADFGX密碼所使用的波利比奧斯方陣及置換密鑰，每天都會改變。因此，無論是英國四十號辦公室或法國密碼局的解密員，都持續不斷地尋找敵方加密法的薄弱環節，試圖加以破解。

ADFGX密碼

在這種密碼法中，波利比奧斯方陣是以字母「A」、「D」、「F」、「G」和「X」來組成，而不是使用數字一到數字五，而且字母在方陣內是隨機排列的。選擇以這五個字母來製作方陣，看起來也許有些奇怪，不過最主要的原因，在於以摩斯電碼傳送這些字母的時候比較不容易造成混淆——若想要將曲解訊息的風險降到最低，這一點非常重要。由於方陣只有二十五個空格，而拉丁字母總共有二十六個，因此將字母「i」和「j」放在一起，可互換使用。

表一

	A	D	F	G	X
A	f	n	w	c	l
D	y	r	h	i/j	v
F	t	a	o	u	d
G	s	g	b	m	z
X	e	x	k	p	q

現在，想像我們要替下列訊息加密：「See you in Leningrad.」（我們在列寧格勒見。）訊息的第一個字母是「s」，在方陣中，這個字母出現在G列A欄的交會處，因此以「GA」作爲字母「s」的密碼。按同樣的方式，接下來字母「e」的密碼則爲「XA」。

因此，整則訊息經過加密以後，就成了下面這樣（加密時忽略空格）：

表二

S	e	e	y	o	u	i	n	L	e	n	i	n	g	r	a	d
GA	XA	XA	DA	FF	FG	DG	AD	AX	XA	AD	DG	AD	GD	DD	FD	FX

爲了增加密碼的困難度，於是繼續在表二第二行

經過加密的字母上進行置換密碼加密。就此例而言，以「Kaiser」作爲關鍵密鑰。置換加密的進行如表三所示，加密字母塡寫完畢以後若還有空格則不塡寫。

表三

K	A	I	S	E	R
G	A	X	A	X	A
D	A	F	F	F	G
D	G	A	D	A	X
X	A	A	D	D	G
A	D	G	D	D	D
F	D	F	X		

之後，再按字母順序將關鍵密鑰的字母加以排序，結果如下：

表四

A	E	I	K	R	S
A	X	X	G	A	A
A	F	F	D	G	F
G	A	A	D	X	D
A	D	A	X	G	D
D	D	G	A	D	D
D		F	F		X

接下來再以由左到右、每行由上往下的方式順序寫下，則得到下列密碼文：

AAGADD XFADD XFAAGF GDDXAF AGXGD AFDDDX

在第一次世界大戰期間，這樣的密碼文會以摩斯電碼的方式傳送。要注意的是，每組字母的長度不一：有些有六個字母，有些有五個。這種長短不一的狀況，會大大提升破解訊息的困難度。

破解ADFGX密碼：從採礦業到密碼破解

喬治・尚・彭文（Georges-Jean Painvin, 1886～1980）出生於法國南特市，原本不太可能成爲解碼員。彭文就讀於礦業學院，之後成爲講師，在聖艾蒂安和巴黎的幾間學院任教，講授古生物學。

喬治・尚・彭文

然而，彭文在第一次世界大戰早期結識了於法國第六軍團擔任密碼員的波利耶上尉，並很快地對波利耶的密碼工作產生興趣。由於彭文對之前的一種密碼有了些不錯的想法，法國密碼局於是邀請彭文暗中提供協助，破解德軍密碼。

德軍開始使用ADFGX密碼的時間，恰是他們在大戰期間最後一次發動猛烈攻勢的時候。西元1918年三月末，德軍在法國北部阿拉斯一帶發動攻擊，目的在於分裂法軍和英軍的力量，取下亞眠這個重要的戰略位置。對協約國來說，破解密碼突然成了攸關重大之事。

就德軍加密訊息而言，最顯而易見的特質，就是它是用五個字母重複排列而成。這樣的特質讓彭文和協約國其他密碼分析師相信，德軍使用的是某種型式的方陣密碼。頻度分析也很快地就顯示出，這種密碼並非單純的波利比奧斯方陣。

三月攻擊過後，德軍的通訊量大增，這讓彭文能夠再次有所突破。他在加密訊息中發現了某種模式，顯示同樣的字母排列同時出現在好幾則訊息的開頭部分。由於無論是哪一天的訊息，都是用同樣的兩個關鍵密鑰加密，彭文於是相信，這樣的重複狀態可能是一種抄襲——舉例來說，加密文字的眞正意義是爲人所熟悉或容易猜測的，如問候語、稱謂或天氣狀況。

彭文終於在4月5日破解了ADFGX密碼。事實上，原本讓這種密碼難以破解的條件，亦即字母組長短不一的狀況，反而幫了彭文一個大忙。如果你看一下表三，便會發現，所有包括六個密碼字母的欄位都在左邊，而五個密碼字母的欄位則在右邊。

表三

K	A	I	S	E	R
G	A	X	A	X	A
D	A	F	F	F	G
D	G	A	D	A	X
X	A	A	D	D	G
A	D	G	D	D	D
F	D	F	X		

這個狀況大幅減低了彭文必須嘗試的欄位排序數目。之後，彭文利用頻度分析來測試出哪種欄位排序所對應到的字母頻度與德文一般文本的字母常態分布最接近。這個動作看似微不足道，事實則不然。彭文用了十八則訊息來破解這個密碼，而且他不眠不休地工作了四天四夜。即使在彭文知道了這種加密方法以後，破譯訊息仍舊需要不少時間。

在6月1日，發生了一個可能非常嚴重的問題，因爲在德國對法國埃納省發動攻擊以後，截取到的密碼訊息開始多了一個「V」字母。儘管如此，彭文只花了不消一天的時間就發現，這個新的ADFGVX密碼只是在開始進行加密時用了六乘六的方陣，在方陣裡塡入羅馬字母表的二十六個字母和數字零到九。

在彭文面臨的諸多困難之中，最顯著者也許在於一直到戰爭結束之際，只發現了十個ADFGX密碼和ADFGVX密碼所使用的關鍵密鑰。大戰結束之後，彭文回到本行的礦業，並在業界開創出極為成功的職業生涯。和許多密碼分析英雄一樣，彭文的貢獻直到許久以後才被揭櫫於世。彭文在西元1933年獲頒法國榮譽軍團勛章軍官勛位，而在彭文逝世的七年之前，更獲頒大軍官勛位。

第二次世界大戰——謎密碼機與布萊奇利園

謎密碼機（Enigma，又譯：恩尼格瑪密碼機）的故事以及它在第二次世界大戰所扮演的角色，已成為密碼破解史上最廣為人知的故事，不過這種密碼機的完整史實，一直到大戰結束的數十年以後才逐漸為人所熟知。

在兩次世界大戰之間，接替英國政府四十號辦公室的政府密碼代號學院，讓密碼員以來自世界各國的外交與商業訊息作為練習，尤其是來自蘇聯、西班牙與美國的訊息。隨著戰爭的腳步越來越接近，學院解密的對象逐漸移轉到德國、義大利與日本等國，同時也聘請更多人員從事

位於英格蘭的布萊奇利園，在第二次世界大戰期間是英國密碼解讀總部。

相關工作。布萊奇利園（Bletchley Park）是間位於倫敦西北方五十英里的一間小型別墅，戰時居住在該處的居民都將它稱爲「B.P.」。別稱「軍情六處」（MI6）的英國祕密情報局於1938年買下這棟建築，將持續擴張的政府密碼代號學院設於此處，並以「X電台」（Station X）作爲代稱。

隨著第二次世界大戰的逼近，布萊奇利園的一百八十六位雇員之中，有五十位專門進行加密而非解密工作。

當戰事在歐洲迅速蔓延，德軍與同盟國成員之間的通訊數量也不斷上升，再加上個別軍種的謎密碼機版本互有差異，使得實際狀況愈形複雜，替布萊奇利園的工作人員帶來了爲數龐大的工作。

在英國首相溫斯頓・邱吉爾的命令下，布萊奇利園裡負責解密的工作人員增加了。這些男男女女有許多數學家與語言學家，大部分來自牛津大學和劍橋大學——布萊奇利園幾乎界於牛津和劍橋的中間，地理位置可以說是相當完美。西元1943年，在美國宣布參戰以後，美國解碼員也加入了英國解碼機構的行列；時至1945年五月，布萊奇利園共有將近九千位員工，此外尚有兩千五百名在其他地點工作的相關人員。

解碼員工作的狀況，1943年攝於布萊奇利園第六棚機械室。

第二次世界大戰期間於布萊奇利園操作謎密碼機的情形。

雇員人數迅速增加，意味著政府必須在布萊奇利園建造更多的工作空間，因此棚屋和其他建築紛紛出現，並以數字或字母進行編號，每棟建築的功能各異。舉例來說，第八棚的密碼分析師專門處理德國海軍的「謎」密碼，第六棚則專注在德國陸軍與空軍的「謎」密碼，到了E大樓，破譯並翻譯好的「謎」訊息再次受到加密，以傳送給同盟國的諸位軍事領袖。

波蘭人如何破解「謎」密碼

波蘭人對謎密碼機的破譯有著非常大的貢獻，而且他們的努力可以回溯到西元1932年。謎密碼機的破解主要以三位年輕的波蘭籍密碼專家暨數學家爲核心，他們分別是馬里安・雷耶夫斯基（Marian Rejewski）、傑爾茲・羅佐基（Jerzy Różycki）以及亨里克・佐加爾斯基（Henryk Zygalski）。

以謎密碼機傳送的訊息在一開始輸入時就會以個別旋轉盤設定進行兩次加密。舉例來說，使用手冊上可能會註明，在每個月的四號應該將旋轉盤設定成以字母「A」、「X」和「N」爲起始，那麼操作員就會以「AXNAXN」爲訊息的起始字串，之後才進入訊息主體。

然而，單靠複雜的數學學理是不夠的。若要運用這些理論，還必須建立起卡片式目錄，列出所有旋轉盤配製超過十萬種可能出現的組合方式（請見第104～105頁「特定代碼」介紹），在那個缺乏電腦輔助的年代，這可以是一項非常艱難的工作。

這些波蘭密碼家也利用兩台謎密碼機造出一台名叫「記轉器」（Cyclometer）的裝置，並利用這台記轉器，以更迅速的方式產生這些組合方式。

記轉器被用來製作一份目錄，針對所有一萬七千五百七十六種旋轉盤位置，按「首字母」記錄下每一特定旋轉盤序列的循環長度和數目。由於可能的序列有六種，因此得到的「首字母目錄」或「卡片目錄」總共爲旋轉盤位置數的六倍，也就是十萬五千四百五十六個條目。

雷耶夫斯基寫道，該目錄的準備工作「非常耗時費力，花了超過一年的時間，不過等到這份目錄出爐……十五分鐘內便可取得每日密鑰」。

密・碼・分・析 >>>

破「謎」

這三位波蘭年輕人發現，他們可以利用群論這種純數學理論的特質來破解「謎」密碼。他們意識到，不論謎密碼機的配製如何，被輸入的信件都會被加密成爲另一封信。由於機器的操作是可逆的，所以加密信息就會被當成原始信息進行加密。就是這樣的體認，讓這些波蘭人找到了謎密碼機的弱點。

我們可以寫下謎密碼機利用群論標記法來進行字母置換的一種設定：

ABCDEFGHIJKLMNOPQRSTUVWXYZ
JRUXAWNSFQYTBHMDEVGILPKZCO

這種簡略標記法表示，當上行字母被輸入謎密碼機的時候，機器上的燈泡會亮起，顯示出下行的對應字母。舉例來說，當你輸入字母「A」，字母「J」的燈就會亮起來，當你按下字母「T」，字母「I」的燈就會亮起來。而這樣的步驟又可以被簡化成字母循環。

我們可以注意到，字母「A」被換成「J」，字母「J」被換成「Q」，字母「Q」被換成「E」，而字母「E」又會回到「A」，也就是我們的起始字母。這樣的循環可以被寫成「（AJQE）」。

除了上述循環以外，還有另外三個循環：

(G N H S)
(B R V P D X Z O M)
(C U L T I F W K Y)

波蘭密碼家意識到，這些循環總是成雙成對地發生，而且長度相同；就我們舉的例子而言，有兩對四字母循環與兩對九字母循環。這樣的發現降低了破解密碼時所必須進行的手動操作次數。

他們同時也發現，字母對的插接對於該密碼法引以爲基礎的群論並不會造成影響。如果字母對以插接的方式互換位置，這些循環的數目和長度仍然保持不變。雷耶夫斯基當時也在一篇文章中提到，他們設法取得了這些插接設定，不過並沒有交代到底是怎麼拿到的。

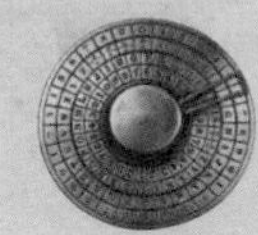

特·定·代·碼

謎密碼機

二次世界大戰中大放異彩的謎密碼機

亞瑟·謝爾比烏斯（Arthur Scherbius）博士是位住在柏林的工程師，他在1920年代開發出謎密碼機，作為商業訊息加密之用。德國政府在三年後採用了這種機器並大肆修改，大大提升了這種機器所能提供的安全性。

謎密碼機是種可攜帶式裝置，尺寸約莫與桌上型電腦的處理器相當。密碼機前有鍵盤供訊息輸入之用。鍵盤上方有二十六個燈泡，每一個燈泡顯示一個字母。當輸入者按下鍵盤上的一個按鍵時，就會有一個燈泡亮起來，顯示出密文中應該以哪個字母代替原字母。此時，另一名操作員會記下這個密碼字母，然後用摩斯電碼將加密訊息傳送出去。在收件人收到這些訊息以後，可將自己的密碼機設定成與寄件人相同，再把訊息輸入，便可獲得原始訊息。然而，竊聽者也可以攔截到這些加密的無線電報，這也正是同盟國透過一系列無線電監聽站進行偵聽的做法。即便竊聽者有自己的謎密碼機，其設定仍需要與發信者相同，才能進行訊息破譯，而密碼機內部構造之複雜度，使得這一點非常難以達成。

最原始的謎密碼機具有三個旋轉盤，每一個旋轉盤的表面都接著許多內部接線和電接點，讓旋轉盤的每個位置均會在鍵盤按鍵和燈泡間產生不同的電氣連接。在按下按鍵時，最右方的旋轉盤會轉動一個字母的位置，與汽車計程器的原理類似；在轉動二十六次以後，中間的旋轉盤會開始轉動，每次轉動一個字母的位置；而在中間的旋轉盤轉動二十六次以後，最左邊的旋轉盤就會開始參與轉動。這種變換是受到旋轉盤外環上的V形刻痕所影響。然而為了增加加密的複雜度，操作員可以將每個外環上的V形刻痕設定在二十六個不同的位置。這可能就表示，中央旋轉盤可能在輸入十個字母以後才開始旋轉，然後每經過二十六次轉動才旋轉一次。

旋轉盤末端的反射器使得訊號透過三

個旋轉盤回傳的路徑能夠與發射路徑有所差異。

雖然這些元素讓密碼機具有多到讓人無可置信的設定數，密碼的複雜度又因為機器前方的接線板而大幅增加。透過接線板，操作者可以在標示了字母的插孔之間插入接線，藉此互換特定字母對的位置（後來英文中也用原本的德文字「stecker」來稱呼這些插孔）。

根據弗蘭克・卡特（Frank Carter）和約翰・嘉勒霍克（John Gallehawk）兩位的說法，這種密碼機在開始進行加密過程的時候，可供選擇的設定種類可高達一點五八垓[1]種，難怪德國人對這種密碼機的保密能力非常有信心。

雖然人們通常以為英美地區的解碼員一直到大戰爆發才取得謎密碼機，然而事實上，早在西元1926年，英國政府密碼代號學院成員迪爾利・諾克斯（Dilly Knox）就已經在維也納購得謝爾比烏斯的商用密碼機，而且人們後來也發現，商用謎密碼機的專利早在1920年代就已經向英國專利局提出申請。

注1：一垓為十的二十次方（10^{20}）。

謎密碼機的旋轉盤。用以輸入訊息的鍵盤之間，以右方的綠色電線進行電氣連接，在輸入時，該字母相對應的密碼字母會變亮。

替密碼加密

西元1938年，德國人改變了謎密碼機的操作方式。操作員再也不使用手冊中的一般旋轉盤起始位置，而是自行設定，而且這種起始設定均以不加密的方式傳送。舉例來說，訊息可能跟從前一樣，以「AXN」作爲起始字串，不過操作員之後就會設想出一個不同的旋轉盤起始設定，在此假設爲「HVO」，並以此設定來加密訊息。如此一來，操作員就會將這組字串輸入謎密碼機內兩次——「HVOHVO」。然而，由於密碼機的起始字串已經被設定爲「AXN」，所以「HVOHVO」經過加密就會變成一組完全不一樣的字串，例如「EYMEHY」。很重要的一點是，這個加密字串裡並沒有出現重複字串，這是因爲每輸入一個字母，旋轉盤就會轉動一個位置的關係。因此，操作員傳送出去的訊息，開頭會是「AXNEYMEHY」，之後接續著以「HVO」旋轉盤設定進行加密的原始訊息。

在收到這份密文的時候，收件者會馬上知道自己應該把「AXN」設定爲旋轉盤起始字串。之後，當收件者輸入「EYMEHY」以後，馬上會跳出「HVOHVO」，那麼他就會知道自己應將旋轉盤設定在「HVO」位置，之後當他逐一輸入密文的剩餘部分，訊息就會逐漸被解譯出來。

這種更複雜化的方法使得波蘭人的目錄法毫無用武之地，而對這些波蘭人來說，在投資這麼多時間和資源以後卻得面臨這樣的境地，必然是相當令人痛心疾首的經驗。然而，他們很快地就發現了另一個方法，而且同樣是利用數學上的群論來破解的。

你會發現在上面的旋轉盤設定範例中，訊息設定被加密成「EYMEHY」，而在這串字母中，第一個字母和第四個字母是相同的，都是字母「E」。雷耶夫斯基和他的同伴們注意到，這種個別字母在第一和第四位置的重複狀態發生頻率相當高（在第二和第五及第三和第六也有同樣的情形）。他們將出現這種重複情況的例子稱爲「陰性字組」。

這些波蘭密碼學家建造了六台被稱爲「炸彈」（bombas）的裝置，每一台炸彈都包括了三個以機械方式連結在一起的「謎」旋轉盤，並且會以機械驅動的方式搜尋出可能製作出這種陰性字組的旋轉盤設定。建造六台炸彈的原因，是因爲如此一來就可以同時檢驗所有可能的旋轉盤順序，也就是「AXN」、「ANX」、「NAX」、「NXA」、「XAN」和「XNA」。

然而，以此種方式使用炸彈密碼機的前提，是密文字母必不能涉及任何插接的狀況。而在一開始的時候，只有三個字母對有插接的狀況，不過到了後來，德國人把插接字母對增加到十組，因此佐加爾斯基又設計出另一種使用穿孔紙板的方法。

製作「佐加爾斯基紙卡」的過程非常耗時，這是因爲需要製作的紙卡數極其多，而且打洞（每張紙卡常常會有將近一千個洞）是用刀片一個一個手工割製的。

製作出的紙卡共有二十六張，每一張分別代表謎密碼機左側旋轉盤的可能起始位置。每一張紙卡上都會有一個行列數皆爲二十六的方陣，在左側與上方分別按順序寫下字母「A」到「Z」。左方字母代表中央旋轉盤的起始位置，上方字母則代表右方旋轉盤的起始位置。

佐加爾斯基紙卡範例

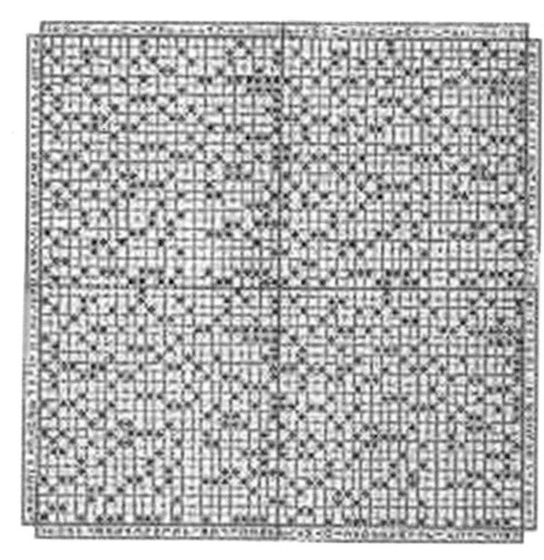

我們知道，那封以「AXNEYMEHY」字串起始的訊息，訊息設定中的第一和第四字母相同，是為陰性字組。這也就表示，在代表左方旋轉盤位置為字母「A」的佐加爾斯基紙卡上，在X列N欄交會點會被打一個洞。

如果同一位操作員在同一天內傳送了其他訊息，同時也在訊息設定內包括陰性字組的話，我們就可以開始把紙卡疊在一起，讓這些紙卡的方陣正好重疊在一起。當我們拿起這疊紙卡並朝著光源看的時候，只有打孔處重疊的那些設定，也就是光線可以穿過的地方，才是當天的可能設定。每加上一張紙卡，可能起始設定的數目就會繼續降低。若能獲得數量夠充分且格式正確的訊息，最後就可以推斷出初始訊息設定。

阿蘭・圖靈發明了一種破解德軍密碼的技術，其中包括可以找到謎密碼機設定的「甜點密碼機」。

到了1938年十二月，即使這樣的做法都顯得不夠實際，因為德國人再次在密碼系統內加入另一個新的元素。相較於原本使用三個旋轉盤進行置換的做法，操作員現在可以在五個旋轉盤中任意選擇三個使用。這讓旋轉盤設定的種數增加了十倍之多，而製作必要紙卡的任務，並不是解碼員手中資源所能負荷的。

很快地，事情有了壓倒性的發展，由於武裝入侵迫在眉睫，波蘭人終體認到他們必須與他人合作才行。在德國準備入侵波蘭的當下，波蘭政府終於將當地製作的軍事謎密碼機複製品，提供給了英國政府密碼代號學院和法國情治單位。

爲了解讀訊息，收件者（與任何竊聽者）都必須知道操作員選了哪三個旋轉盤、它們在密碼機的位置、V型刻痕的變換位置被設在哪裡、每個旋轉盤各採用了哪個起始位置（如右上方小窗所顯示的字母所示），以及哪些字母被插接置換。

布萊奇利園解碼員所面臨的最大挑戰，在於插接字母對數量的增加。每一個旋轉盤設定都有超過兩百五十京[2]個可能的接線板設定。這種看似不可能的任務，因爲劍橋大學數學家阿蘭・圖靈（Alan Turing, 1912～1954）和戈登・韋爾什曼（Gordon Welchman）構想出的一種電子裝置而簡單了許多，他們將這種裝置稱爲「甜點」（bombe）。這種裝置的英文名稱會讓人聯想到波蘭的「炸彈密碼機」（bomba），不過他們其實是完全不一樣的兩種裝置。

對這種方法來說，能夠在密文中找到重複字串的部分是非常重要的一點。試想，一封書面信函的書寫是具有嚴謹架構的。舉例來說，在寫信給他人的時候，英文書信通

注2：一京為十的十六次方（10^{16}）。

用來破解謎密碼機設定的「甜點密碼機」。

常會以「親愛的先生／女士」（Dear Sir/Madam）作爲開頭，信末署名前也有套語，如「你忠實的……」（Yours faithfully）。

儘管德文書信的詞語架構不同，在德國戰時通訊中也常常出現這種固定的格式。訊息可能常常以「secret」一字開頭，來自海軍戰艦的通訊經常會包括天氣狀況和軍艦的位置。有位操作員特別喜歡使用「IST」（意思等同英文「is」的德文字）作爲訊息設定。另一位在義大利南部巴里的操作員常常使用女友姓名的首字母縮寫作爲旋轉盤的起始位置。因此，破解謎密碼機的工作，除了是一種技術性工作以外，同樣也強調出人性的弱點。

在密文中尋找這種重複字串的正確位置並不是件輕而易舉之事——有些謎密碼機的操作員會在這些重複字句或辭彙的前面加上啞字符以混淆視聽。

圖靈甜點的設計，讓這台裝置的操作員能在將近一萬八千種可能的旋轉盤設定中，同時就指定輸入字串來查驗出二十六個字母中的可能插接配對。在快速瀏覽設定的過程中，如果它發現了可能對應到重複字串的設定，就會停下來。之後，就可以徒手進行頻度分析等技巧，以測試這些旋轉盤設定的正確與否。如果字母頻度與一般德文文本大致相符，則建議採用其他插接配對。最後，就可以憑藉著這些努力與運氣，得出該日使用的原始訊息設定。當然，這種成功破解的狀況也不是每天都會發生的。

「造園」（gardening）是布萊奇利園使用的有趣技巧之一。所謂的「造園」，是指刺激德軍在訊息中包含一些已知的文字。舉例來說，倘若已經完成一地區的掃雷工作，布萊奇利園的解碼員就會要求軍方重新在該

「圖靈甜點」

1944年6月6日同盟國軍隊登陸諾曼第灘頭的景象。

地區埋地雷，希望德軍會將「minen」（地雷）一字含括在從該地區發出的訊息之中。

布萊奇利園於1940年1月20日首次破解「謎」訊息，不過他們必須嚴守祕密，不讓德軍知道同盟國已經可以解讀德軍的許多通訊。爲了隱匿布萊奇利園的存在和它的工作成就，英國政府捏造了一位以「博尼法斯」（Boniface）爲代號的間諜，以及在德國境內的虛構探員網。因此，英軍的許多分部都會收到訊息，表示博尼法斯或他在德國的下屬探員之一竊聽到了德國高層軍官的對話，或是在廢紙簍裡找到了機密文件。如此一來，如果資訊回漏到德軍處，德軍就不會發現自己的無線訊號受到監聽。

到二次世界大戰末期爲止，布萊奇利園已破譯了超過兩百五十萬則「謎」訊息，對同盟國的勝利有著非常卓越的貢獻。當然，如果無法破解德軍訊息，諾曼第登陸的難度勢必大增。因此，布萊奇利園破解「謎」訊息的能力極有可能是戰事縮短的主要原因之一。

文·化·符·碼

隱形墨水與間諜貿易的其他工具

西元1942年6月13日，大約午夜過十分之際，四名男子乘坐著德軍U型潛水艇在美國紐約長島一帶上岸，以陰謀破壞美國設備生產並造成美國群眾恐慌為目標。

這些人身上帶著十七萬五千兩百美元的現鈔和相當多分量的炸藥，足以供應兩年運動所需，不過在四十八小時之內，他們的行動就失敗了。6月14日傍晚，該小組領導人喬治·約翰·達許（George John Dasch）勇氣盡失，亂了方寸，決定打電話向美國聯邦調查局（FBI）自首。

不消幾天，達許就受到逮捕，並被聯邦調查局探員徹頭徹尾地審問。聯邦調查局探員一一檢查了達許的私人物品，並將其中一條手帕拿去進行氨煙霧測試。測試的結果發現，手帕上有以硫酸銅化合物書寫的隱形文字，記載著達許在美國的各個聯絡人、地址與聯絡方式，以及另一個以同樣方式在佛羅里達州上岸的小組。在這項陰謀被揭露以後，達許和另一名叫做歐尼斯特·博格（Ernest Burger）的間諜，是八人之中唯二未在次月被判處死刑者。

就像這些納粹派來的破壞者一樣，歷史上的間諜也會利用隱形墨水與其他密寫術來隱藏訊息，防止敵人得知。對這些隱姓埋名工作的間諜來說，單用密碼掩蔽訊息意義是不夠的，他們連訊息本身存在的事實都得隱藏起來。

其中有一種技巧，是以一疊卡片為工具。以議定的順序排列這疊卡片，然後在這疊卡片的側面寫下訊息。一旦打亂卡片次序，側面的訊息就被隱藏起來，一直到收信人重新將卡片排列好，才會再度顯露出來。

在古希臘時期，戰術家埃涅阿斯也提出一種技巧，在一本書或一封信的上方或下方打上許許多多的小洞， 藉此傳達祕密訊息。即便到了二十世紀，戰場上還有人採用類似的方法。

德國間諜歐尼斯特·博格，因為下屬自首而受美國聯邦調查局逮捕。

出現在美國海岸的德軍潛水艇，攝於1942年。

另一個在狹小空間藏匿大量訊息的方法，據說是由德軍在第二次世界大戰期間發明的。這種被稱為「微點照片」（microdot）的方法，是由將影像（例如包含機密文件）以攝影方式處理，然後將它的尺寸縮小到猶如打字機打出的句點一般。經過這樣的微點處理，就能夠將訊息藏匿在透過一般管道傳送的信件或電報之中，之後收件者就可以利用顯微鏡來閱讀隱匿在這一個微點裡的訊息內容。

到了現代，密寫術也跟著步入數位領域，包含大量數據資料的數位相片或是音訊檔案，都可以用來隱藏訊息。只要稍加修改檔案的二進位碼，就可以神不知鬼不覺地將數據資料嵌入其中。

如何製作隱形墨水

隱形墨水可以用許多材料做成，有些材料甚至可以就近在家中尋得。最簡單的方法是利用柑橘類水果的果汁、洋蔥汁或牛奶。你可以利用畫筆、筆尖甚至手指沾取這類汁液，然後在白紙上書寫，就可以寫下隱形訊息。只要利用燈泡或熨斗的熱度，即可讓這些隱形訊息現形。就檸檬汁而言，這是因為紙張上有吸收酸性果汁的地方，在碰到熱源時會比其他未碰到果汁的地方更快變成褐色。

醋是另一種容易取得的墨水，寫過的地方只要噴上紫甘藍汁就會顯現出來。此外還可以使用其他化學物質，例如硫酸銅、硫酸鐵、氨等。

由於空白紙張看起來可能很可疑，所以在使用隱形墨水書寫的時候，最好用一般原子筆在紙上寫下其他訊息作為假目標。

希特勒的密碼

德軍之間的祕密訊息大多以「謎」密碼的各種版本變化來加密。然而即使對這種假定中相當安全的加密方式來說，有些訊息的機密性仍然太高，必須另外處理——這裡主要指希特勒傳給他麾下諸位將領的訊息。

利用有別於謎密碼機的方法進行加密處理的訊息，最先在1940年受到攔截。布萊奇利園的密碼員替這種加密訊息取了個暱稱，叫做「魚」（Fish）。

稍後發現，這些訊息是用一種比可攜帶式謎密碼機還要大的機器進行加密的。勞倫茲密碼機（Lorenz SZ40）用了十二個旋轉盤，因此也比謎密碼機複雜了許多，甚至到了讓人無法想像的地步。當然，布萊奇利園的密碼員能知道這種機器存在的唯一管道，就是它所製作的加密訊息。他們同樣也把這種密碼機取了綽號，叫它「金槍魚」（Tunny）。戰爭後期出現的其他德軍密碼機也都被取了跟魚有關的綽號，例如「鱘魚」（Sturgeon）。（➡請見第117頁「密碼分析」）

勞倫茲密碼機的複雜度，在於十二個旋轉盤所產生的附加密鑰似乎是隨機選擇的。勞倫茲密碼機和謎密碼機一樣，每輸入一個字母，旋轉盤就會轉動一次。五個旋轉盤的轉動方式是固定的，另外五個則根據凸輪的設定來轉動。因此，「魚」的破解關鍵，在於找出正確的起始旋轉盤設定。

布萊奇利園的密碼員設法推算出「金槍魚」的建構方式，而這一切都得感謝一名德國操作員在1941年八月犯下的錯誤。這名操作員送出了一則很長的訊息，不過在傳送過程中有所損壞；之後，這名操作員又使用同樣的密鑰將訊息重傳一次，不過其中有幾個字用了縮寫。兩則訊息都被同盟國的監聽站攔截，並轉發到布萊奇利園。這讓同盟

上圖與下頁圖：巨人機，世界上第一台可編程計算機。

國的密碼分析師能藉此推算出勞倫茲密碼機的基本設計，並建造出一台模擬器，由於當時有位漫畫家專以繪製稀奇古怪的發明聞名於世，這台模擬機於是以該名漫畫家的姓名爲名，稱爲「希斯・羅賓斯」（Heath Robinson）。很不幸的是，事實證明這台模擬器的速度終究還是太慢，而且可靠性不高，常常需要花上數天時間才能破譯一則訊息。

模擬器所面臨的部分問題，在於維持兩條打了洞的紙帶同步高速運轉。阿蘭・圖靈在布萊奇利園建構專門破解謎密碼機的圖靈甜點時，曾經與一位名叫湯米・弗勞爾斯（Tommy Flowers）的年輕電信技師合作，因此在遇上勞倫茲密碼機時，再次請求弗勞爾斯提供協助。弗勞爾斯建議建造一台機器，用一系列作用等同於數字開關的閥來取代其中一條紙帶，藉此解決同步的問題。

這機器的建造總共花了十個月的時間，使用了一千五百個閥，並在1943年十二月於布萊奇利園首次安裝啓用。這台名叫「巨人機」（Colossus）的機器，是世界上第一台可編程計算機，它的機身如房間般龐大且重達一公噸。儘管如此，電閥技術的運用，意味著巨人機可以在數小時而非數日之內解讀勞倫茲密碼機的訊息。它運作的方式，在於比較兩個數據流，根據一種可編程的功能計算出每個相符的設定。改良版巨人機（Coloussus Mark II）於1944年六月安裝完成，而到戰爭結束之際，共有十台電閥數更高的巨人機（Colossi）在布萊奇利園服役。

勞倫茲密碼機

勞倫茲密碼機的「SZ」是德文「Schlüsselzusatz」的縮寫，有附加密鑰的意思，而這也是這種密碼機替明文加密的基礎。這種密碼機所使用的字符，是一種長度為五個字符的二進制[3]零和一。舉例來說，字母「A」是「11000」，字母「L」是「01001」。

每一個字母都利用它的二進制代號搭配另一個利用異或（XOR）操作來選取的字母進行加密。對個別二進制數字而言，這種異或操作具有下列特質：

0 XOR 0 = 0
0 XOR 1 = 1
1 XOR 0 = 1
1 XOR 1 = 0

因此，若將字母「A」和「L」結合起來，將出現下列號碼：

A =	1 1 0 0 0
L =	0 1 0 0 1
XOR	1 0 0 0 1

現在，由於「10001」是字母「Z」的代號，所以在這個例子中，勞倫茲密碼機就會用「Z」來替「A」加密。

訊息收件人會以同樣的方式反推回去。

	Z = 1 0 0 0 1
	L = 0 1 0 0 1
XOR	1 1 0 0 0

這樣子獲得的二進制數字，就會回到我們最初使用的字母「A」代號。

注3：二進制指用零和一來計數。

特・定・代・碼

紫密碼機與珍珠港

日本的紫密碼機

在第二次世界大戰期間，日本人也會將訊息加密處理。日本人在1938年開始採用「九七式歐文印字機」替高層外交通訊加密。這種機器以拉丁字母（與英文字母相同）為輸入方式，並未使用日文的片假名，而美國密碼員也按照以顏色來稱呼日本密碼的傳統，將這種機器產生的密碼稱為「紫密碼」（Purple）。

紫密碼機和謎密碼機不同的地方，在於前者沒有用到旋轉盤，而是使用跟電話總機類似的步進開關。每一個開關都有二十五個位置，開關每受到一次電脈衝刺激，就會步進到下一個位置。

機器內部的字母被分成兩組，一組包含六個字母（母音及字母「Y」），另一組有二十個字母（所有子音）。母音字組有一個開關，每輸入一個字母就會步進一個位置；不過連接到子音字組的相連開關有三個，每個開關都有二十五個位置，旋轉的方式與汽車計程器相同。

日本人對紫密碼的態度就好比德國人對「謎」密碼一樣，他們深信，紫密碼是無法破解的。然而，由威廉・弗里德曼和密碼分析師弗蘭克・羅利特（Frank Rowlett）率領的美國陸軍「信號情報處」（Signals Intelligence Service，簡稱S.I.S.），卻成功破譯了紫密碼。

破譯紫密碼的最大功勞，也許應該歸在該處的里奧・羅森（Leo Rosen）身上，因為羅森設法建造出這台日本機器的複製品。在戰爭結束時，人們在柏林的日本大使館內找到一台紫密碼機的殘骸，結果讓人相當驚訝的是，羅森竟然在他的複製品上使用了一模一樣的步進開關——這樣的猜測著實十分鼓舞人心！

由於這台複製品與針對其密鑰所進行的密碼分析工作，信號情報處在1940年末得以破解大量的紫密碼訊息。破解紫密碼所使用的密碼分析技巧與「謎」密碼的破解方式非常類似，訊息中經常重複出現的問候與和信末敬語被當成關鍵字，而因為傳送錯誤而重複傳送的訊息，則被用來破解這種「無法破解」的密碼。

破解了紫密碼的基礎並不代表訊息都是馬上就能釋讀的——密碼員仍然需要找到密鑰，儘管信號情報處因為這個重大突破而獲得了源源不斷的情報，它們充其量仍舊是零散且不完整的。藉由閱讀加密訊息而獲得的情報，在散布時也遇到了同樣的問題，因為其中牽涉到必要的保密性，許多收到情報的人員並無法判別出情報的價值。

在美國加入第二次世界大戰以前，美國和日本早已展開經濟大戰，爭奪太平洋地區的經濟優勢。有些被破譯的訊息，可能讓美國政府瞭解到日本人在外交管道上說一套，私底下又搞另一套的兩面手法。然而許多解碼專家相信，美方因為能夠解讀某些紫密碼訊息而自鳴得意，而這種得意洋洋的態度，在短短不到幾年內的時間就遭受了殘酷的打擊。

西元1941年12月7日，美方攔截並破譯了一則從日本大使館發出的紫密碼訊息，內容中提及將與美方終止外交關係，然而這則訊息並未即時抵達美國國務院，無法即時發現它其實與接下來的珍珠港事件有關。不過，訊息中並未提到任何有關攻擊的字眼，所以無論如何，美方也不太可能及時採取什麼應變措施。

日本於1941年12月7日攻擊珍珠港。

納瓦荷通信員

第二次世界大戰期間，美軍與日軍之間在太平洋地區的殘酷衝突也是一場風險相當高的密碼戰爭。

日軍早已培訓出一批操流利英文的士兵，利用他們來監聽並妨礙美軍的訊息通信。而美軍也有自己的複雜密碼系統可供使用，例如信號情報處的弗蘭克．羅利特所研發出的「席加巴密碼機」（SIGABA）。

席加巴密碼機又稱「第二型電動密碼機」（Electric Code Machine Mark II），它避免了謎密碼機和紫密碼機所使用的單步式旋轉盤或開關動作，因爲這些零件會使得密文更容易被破解。席加巴密碼機利用打洞紙帶來有效地隨機選擇每次輸入後旋轉盤必須轉動的字元數，讓監聽者更難破解。一般相信，在席加巴密碼機服役期間，無人成功破解它所加密的密文。

席加巴密碼機的缺點在於它造價昂貴、體積龐大又操作複雜，而且在野外並無法充分發揮功能。在戰場上，時間上的延誤可能會造成傷害，舉例來說，在瓜達康納爾島的戰場上，軍事領袖就曾抱怨，因爲機器本身的脆弱性和緩慢的加密速度，使得訊息的收發和解讀都必須花上超過兩個小時的時間。美軍希望能使用速度更快的系統──而到了西元1942年年初，當時居住在加州的工程師暨第一次世界大戰退伍軍人菲利普．強斯頓（Philip Johnston）想出了一個完美的解決方案。

強斯頓是傳教士之子，自四歲就隨著父親在納瓦荷印第安部落裡生活，而這樣的成長過程讓他成爲能流利運用納瓦荷語的少數非納瓦荷族人。西元1942年，在閱讀一篇有關在二次世界大戰中服役的北美原住民的新聞報導以後，強斯頓想到可以運用這種難理解出了名的語言，藉此以更迅速且安全的方式傳送訊息──從一位納瓦荷通信兵傳給另一位納瓦荷通信兵。

海軍的納瓦荷通信員在西太平洋所羅門群島布干維爾島前線後方操作攜帶式無線電，攝於1943年12月。

短短數天之內，強斯頓就向埃利奧特營的部隊通信官瓊斯上校提出這個想法。他們在2月28日進行了一場實際演練，顯示兩位納瓦荷士兵可以在二十秒內替一則長達三行的訊息進行加密、傳送與解密的動作，而當時的密碼機至少需要三十分鐘才能完成同樣的動作。

受訓的納瓦荷士兵幫助編寫了辭彙表。他們傾向於利用描繪大自然的詞語來指稱特定軍事術語，因此鳥類的名稱就被用來稱呼各種類型的飛機，魚類名稱則用以代替船艦辭彙。

軍方很快地徵募到二十九位納瓦荷族人負責這項任務，而他們也馬上開始製作出第一份納瓦荷代號。

納瓦荷代號

實際字彙	代號字彙	納瓦荷語翻譯
戰鬥機	蜂鳥	Da-he-tih-hi
偵察機	貓頭鷹	Ne-as-jah Torpedo
飛機	燕子	Tas-chizzie
轟炸機	禿鷲	Jay-sho
俯衝轟炸機	雞鷹	Gini
炸彈	蛋	A-ye-shi
水路兩棲車	青蛙	Chal
戰艦	鯨魚	Lo-tso
驅逐艦	鯊魚	Ca-lo
潛水艇	鐵魚	Besh-lo

完整的字彙表總共包括兩百七十四個字，不過在需要翻譯字彙表以外的字詞，或是人名與地名的時候，還是會遇到問題。解決的方法，是設計出一份密碼字母表，藉此拼出困難字彙。舉例來說，「Navy」（海軍）一字在納瓦荷語中可以被翻譯成「nesh-chee（nut）wol-la-chee（ant）a-keh-di-glin（victor）tsah-as-zih（yucca）」。每個字也有不同的拼法，例如納瓦荷語中的「wol-la-chee」（ant）、「be-la-sana」（apple）和「tse-nill」（axe）都代表英文字母「a」。

下表舉例說明用來代表個別字母的納瓦荷語字彙：

A	Ant	Wol-la-chee	N	Nut	Nesh-chee
B	Bear	Shush	O	Owl	Ne-ahs-jsh
C	Cat	Moasi	P	Pig	Bi-sodih
D	Deer	Be	Q	Quiver	Ca-yeilth
E	Elk	Dzeh	R	Rabbit	Gah
F	Fox	Ma-e	S	Sheep	Dibeh
G	Goat	Klizzie	T	Turkey	Than-zie
H	Horse	Lin	U	Ute	No-da-ih
I	Ice	Tkin	V	Victor	A-keh-di-glin
J	Jackass	Tkele-cho-gi	W	Weasel	Gloe-ih
K	Kid	Klizzie-yazzi	X	Cross	Al-an-as-dzoh
L	Lamb	Dibeh-yazzi	Y	Yucca	Tsah-as-zih
M	Mouse	Na-as-tso-si	Z	Zinc	Besh-do-gliz

在受訓完畢以後，這些代碼通訊員接受了測試，並且輕易地就通過了試驗。他們將一系列訊息用納瓦荷語翻譯，透過無線電傳送，然後再譯回英文，每個人都把這些字彙背得滾瓜爛熟。

之後，他們請著名的海軍情報處試著破解這種密碼，不過在三週以後，海軍情報處人員仍然對這種密碼束手無策。納瓦荷語是種「一連串以喉音、鼻音和繞口令般的怪異聲音，」他們說：「我們甚至無法把它抄錄下來，更不用說破譯了。」

納瓦荷代碼被認爲是種成功的代碼，而到了1942年八月，二十七位納瓦荷通信員就被送到瓜達康納爾島這個美軍和日軍激烈交戰的前線戰場上。美國海軍在西元1942年至1945年間的每一場戰事都有納瓦荷通信員參與，這一批在瓜達康納爾島上服役的納瓦荷通信員，是四百二十位通信員中第一批上戰場者，其餘有納瓦荷通信員參與的戰事，地理區域橫跨關島、硫磺島、琉球、帛琉、塞班、布干維爾與塔拉瓦等。

納瓦荷語代碼

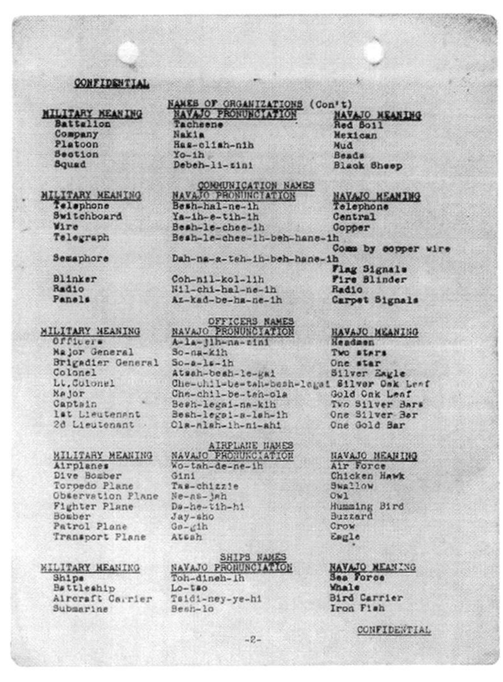

CONFIDENTIAL

NAMES OF ORGANIZATIONS (Con't)

MILITARY MEANING	NAVAJO PRONUNCIATION	NAVAJO MEANING
Battalion	Tacheene	Red Soil
Company	Nakia	Mexican
Platoon	Has-clish-nih	Mud
Section	Yo-ih	Beads
Squad	Debeh-li-zini	Black Sheep

COMMUNICATION NAMES

MILITARY MEANING	NAVAJO PRONUNCIATION	NAVAJO MEANING
Telephone	Besh-hal-ne-ih	Telephone
Switchboard	Ya-ih-e-tih-ih	Central
Wire	Besh-le-chee-ih	Copper
Telegraph	Besh-le-chee-ih-beh-hane-ih	Comm by copper wire
Semaphore	Dah-na-a-tah-ih-beh-hane-ih	Flag Signals
Blinker	Coh-nil-kol-lih	Fire Blinder
Radio	Nil-chi-hal-ne-ih	Radio
Panels	Az-kad-be-ha-ne-ih	Carpet Signals

OFFICERS NAMES

MILITARY MEANING	NAVAJO PRONUNCIATION	NAVAJO MEANING
Officers	A-la-jih-na-zini	Headmen
Major General	So-na-kih	Two stars
Brigadier General	So-a-la-ih	One star
Colonel	Atsah-besh-le-gai	Silver Eagle
Lt.Colonel	Che-chil-be-tah-besh-legai	Silver Oak Leaf
Major	Che-chil-be-tah-ola	Gold Oak Leaf
Captain	Besh-legai-na-kih	Two Silver Bars
1st Lieutenant	Besh-legai-a-lah-ih	One Silver Bar
2d Lieutenant	Ola-alah-ih-ni-ahi	One Gold Bar

AIRPLANE NAMES

MILITARY MEANING	NAVAJO PRONUNCIATION	NAVAJO MEANING
Airplanes	Wo-tah-de-ne-ih	Air Force
Dive Bomber	Gini	Chicken Hawk
Torpedo Plane	Tas-chizzie	Swallow
Observation Plane	Ne-as-jah	Owl
Fighter Plane	Da-he-tih-hi	Humming Bird
Bomber	Jay-sho	Buzzard
Patrol Plane	Ga-gih	Crow
Transport Plane	Atsah	Eagle

SHIPS NAMES

MILITARY MEANING	NAVAJO PRONUNCIATION	NAVAJO MEANING
Ships	Toh-dineh-ih	Sea Force
Battleship	Lo-tso	Whale
Aircraft Carrier	Tsidi-ney-ye-hi	Bird Carrier
Submarine	Besh-lo	Iron Fish

CONFIDENTIAL

-2-

納瓦荷通信員的角色極其重要。在硫磺島戰場，海軍第五陸戰師通信官霍華德·康納上校（Howard Connor）麾下的六名納瓦荷通信員，在開戰的頭兩天晝夜不停地工作，收發的信息超過八百封，沒有丁點差錯。康納上校聲稱：「如果不是這些納瓦荷通信員，海軍絕對無法攻下硫磺島。」

事實上，日本密碼員一直無法破解納瓦荷代碼。在二次世界大戰結束後，日軍情報局長陸軍中將有末精三

（Seizo Arisue）就承認，儘管日軍破解了美國空軍使用的密碼，他們對納瓦荷代碼的破解進度非常緩慢。

時至今日，納瓦荷通信員的故事早已傳遍全世界，不過一直到西元1968年爲止，納瓦荷通信員和這些代號一直因爲美國國家安全利益而受到保密。1982年，美國政府終於公開表揚這群英雄，將8月14日訂爲「全國納瓦荷通信員紀念日」，最早服役的幾位通信員獲頒國會金質獎章，後來的通信員則獲頒國會銀質獎章。

冷戰下的密碼戰

儘管美、蘇兩國於第二次世界大戰期間同盟，冷戰的序幕早在當時就已開啓。

西元1943年早期，信號情報處設置了一個監測蘇聯外交通訊的祕密計畫，以位於維吉尼亞州阿靈頓廳（Arlington Hall）爲基地。這個被稱爲「薇諾娜」（Venona）的計畫，是由一位前學校教師金・葛拉比爾（Gene Grabeel）女士創辦的。在二次世界大戰結束後，語言學家梅勒迪斯・加德納（Meredith Gardner）也加入葛拉比爾的行列。加德納在戰爭期間曾經研究過德軍和日軍的密碼，在接下來的二十七年間，更成了薇諾娜計畫的主要翻譯師與分析師。

他們很快就發現，薇諾娜計畫經手的每一則訊息，大致可歸屬到五種不同的加密系統，加密方式完全依發訊者而定。蘇聯國家安全委員會（KGB）、蘇軍總參謀部情報總局、蘇聯海軍情報處、外交人員和貿易代表等，各自都使用不同的系統。

原爲考古學家的理查德・哈洛克（Richard Hallock）上校，是破解蘇聯貿易代表密碼訊息的第一人。隔年，另一位密碼分析師塞西爾・菲利普斯（Cecil Phillips）在蘇聯

第二次世界大戰時期在太平洋硫磺島上空飛行的B24解放者轟炸機，攝於1944年12月23日。

國家安全委員會的密碼系統上有重大突破，不過他們又花了兩年的密集研究分析，才能眞正解讀這些訊息。

蘇聯所使用的每一種密碼系統都具有雙重加密的性質。第一重加密通常是將字彙和詞組根據代號手冊置換成一系列的數字。

爲了進一步混淆視聽，加密者還會從一份發訊者和收訊者都有的印刷便箋上，隨機選擇數字加入訊息之中。如果蘇聯人正確地使用了這些「一次性」便箋（只能使用一次而非多次重複使用），祕密訊息就可能維持著未受破解的狀態。然而，由於有些一次性便箋常會有其他複本存在，而且這些複本又落入其他同盟國成員之手，使得阿靈頓廳的密碼分析師能夠找到方法，破解蘇聯國家安全委員會所使用的密碼。

薇諾娜計畫的密碼分析師在1946年年底破解了一則訊息，上面詳列出參與「曼哈頓原子彈計畫」的科學家姓名。許多人都相信，這則訊息和其他有關原子彈的消息，讓蘇聯能比原定計畫還迅速且更廉價地發展出自己的武器，乃是這兩個超級大國之間關係之所以急凍的關鍵。

薇諾娜計畫經手的訊息超過三千則，每一則都有各自的代號，以隱藏蘇聯間諜的身分，以及其他相關人士與地點。這些代號如下：

代稱	真實名稱
大尉	羅斯福總統
巴比倫	舊金山
兵工廠	美國陸軍部
銀行	美國國務院
龐然大物	曼哈頓計畫／原子彈

薇諾娜計畫揭露的訊息，提供給美國政府相當多有關蘇聯國家安全局的間諜情報技術：間諜與反間諜的實用方法，例如竊聽裝置。

大衛・葛林格拉斯（左）和朱利厄斯・羅森伯（右）由於加入蘇聯特務組織而被捕，下圖為他們抵達法院聆聽判決時拍攝。

位於馬里蘭州福特喬治梅亞德的美國國家安全局。

朱利厄斯・羅森伯（Julius Rosenberg）是因爲薇諾娜計畫而暴露身分的蘇聯探員之一，他和妻子伊瑟都因爲危害美國國家安全而被判間諜罪，並於1953年在美國接受處決。羅森伯夫婦的判刑與處決一直受到非常大的爭議，因爲判刑的證據來自曾在洛斯阿拉莫斯國家實驗室任職的伊瑟之弟大衛・葛林格拉斯（David Greenglass），葛林格拉斯聲稱，他將機密文件交給姐姐與姐夫，再由他們交給蘇聯政府。在薇諾娜訊息中，葛林格拉斯的代號是「彈徑」。

然而，許多人都認爲葛林格拉斯的證據不足採信，相當質疑伊瑟的涉入程度。事實上，在1995年薇諾娜訊息終於公諸於世以後，其中並沒有任何指稱伊瑟的資訊，不過裡面確實揭露了朱利厄斯的涉入，其代號爲「天線」和「自由黨成員」。

西元1952年，當時的美國總統杜魯門成立美國國家安全局（N. S. A.），將個別軍種的密碼處整合爲一。國家安全局總部要設在以黃金儲備聞名的肯塔基州諾克斯堡，不過最後還是決定將它設在馬里蘭州福特喬治梅亞德，至今尚未搬遷。

在1950年代，由於叛逃者日漸增加，美國地區的密碼學家退居幕後，將舞台讓給現在的情報單位。然而，薇諾娜計畫一直持續不斷地研究戰時消息，一直到1980年才告終，而在1960年代和1970年代期間，許多蘇聯間諜都是因爲薇諾娜計畫之故才受到揭發。薇諾娜計畫經手的三千則訊息，一直到西元1995年才公諸於世，世人終於能夠瞭解到密碼分析師在冷戰期間所扮演的重要角色。

美國國家安全局局徽

Speed

速　度

在現今的電子時代，強大的數位加密技術
保護資料免於不法情事的迫害。
公開金鑰加密、因數分解與數據加密標準。

5

前頁圖：
光纖電纜

罪犯常常利用密碼和代號來隱藏犯罪活動的特質。在過去一世紀中，執法單位不得不成為解密專家，以求早先一步發現違法情事。然而，龐大金錢報酬的可能性，刺激罪犯從簡單密碼投向複雜科技的懷抱，藉此掩飾其非法活動。

同時，使用通訊管道進行交易的合法商業活動，例如網路銀行、網路商店等，也都藉由密碼來保護顧客財務資訊的祕密性。不過也因為如此，駭客和罪犯跟著轉而投向密碼分析，企圖要分一杯羹，藉此把在全世界流動的價值數十億美元資金的一部分轉到自己的銀行帳戶之中。

變換按鍵的問題

既然存在著幾乎或完全不可能破解的加密訊息，為什麼又有人想要使用比較容易破解的加密方式呢？答案在於，諸如此類的高安全性加密系統，在實際生活狀況中可能不實用。如果加密過程需要太多時間，你就可能需要選擇一種用時間換取安全性的方法。

欲傳送加密訊息者所會面臨的另一個問題，在於如何讓收件人知道訊息當初究竟是如何加密的。對於字母代換密碼之類的密碼來說，一旦監聽者獲知加密方式，所有後續訊息的破譯就不是難事。

一種稱為「公開金鑰加密」的方法就同時解決了這兩個問題。然而公開金鑰加密其實使用了兩個密鑰：一個是公鑰，一個是私鑰。兩個金鑰都是由一個認可核證機關核發。公鑰是以電子證書的形式保存在目錄之中，任何想要與持有人進行通訊的人都可以取得。不論是公鑰或私鑰，皆是以數學的大數構成，這也就是說，不論是公鑰或私鑰都可以被用來替訊息加密，只要使用未用來加密的另一個密鑰，就可以解讀訊息。

英國政府通信總部，是英國政府的情報機構之一。

公開金鑰加密初次用於1970年代早期，由詹姆斯·埃利斯（James Ellis）、克利福德·科克斯（Clifford Cocks）和馬爾科姆·威廉姆森（Malcolm Williamson）在前身爲布萊奇利園的英國政府通信總部執行。這項工作被視爲極高機密，因此一直到西元1997年才公諸於世。

在那個同時，美國史丹佛大學的惠特菲爾德·迪菲（Whitfield Diffie）和馬丁·赫爾曼（Martin Hellman）[1]也獨自構想出公開金鑰加密的概念，因此這種加密方式有時也被稱爲「迪菲赫爾曼加密」。

然而對想要成爲解碼員的人來說，只知道這種密碼的數學關連性並不足以爲線索，因爲從其中一個密鑰得到另一個密鑰，簡直是不可能的。對稱密鑰加密是指用同一個密鑰進行加密和解密的方法，例如簡單的字母代換加密便屬此類。因此，利用不同密鑰進行訊息加密和解密的方法，其密鑰又稱爲「非對稱金鑰」。

公開金鑰加密的主要優點之一，在於它不需要中央資料庫來驗證金鑰，因此大幅減低了金鑰在驗證過程中受到監聽者竊取攔截的風險。

注1：W. Diffie and M. E. Hellman, *New directions in cryptography*, IEEE Trans. Inform. Theory, IT-22, 6, 1976, pp.644-654.

現實世界裡的公開金鑰加密

儘管政府通信總部和史丹佛大學奠下了公開金鑰加密的基礎，讓它能夠眞正實際運用的突破，則是在羅納德・里維斯特（Ronald Rivest）、阿迪・沙米爾（Adi Shamir）和倫納德・阿德爾曼（Leonard Adleman）[2]這三位麻省理工學院研究人員的努力下達成。這個三人組發現了一種可以很容易地將公鑰和私鑰連結起來的數學方法，而且還能允許數位簽名的交換——數位簽名是一種以電子方式確認發訊人身分的方法。他們的方法是運用因數和質數來處理的。

就任何數字來說，用該數作爲被除數除以一除數後得到無餘數的整數，那麼這個除數就是被除數的因數。舉例來說，數字6的因數有1、2、3和6，因爲6可以被這些數字整除；4不是6的因數，因爲6除以4得1餘2。

質數指只有兩個因數的數字，也就是數字本身和1。我們可以馬上發現，數字6不是質數，因爲它有四個因數。相對地，數字5就只能被自己和1整除，因此數字5是質數。

腦袋裡想著這樣的定義，我們就可以先寫下前幾個質數：2、3、5、7、11、13、17、19、23、29、31。數字1因爲只有一個因數，所以不被認爲是質數。將上述數字中最大的兩個相乘，亦即29 x 31，並不需要花太多時間計算。這項計算對計算機是小意思，不消幾秒就可完成；你也可以用紙筆計算，速度也不至於太慢；即使是心算也不需要花太多時間，如果你抄點捷徑，先算出30 x 31，然後再將積數減掉31，就可以得到答案899。

若從另一個角度來看，困難度可能會大幅提升許多。如果你被問到，數字899的因數有哪些，即使用計算機計算都可能會花上一個小時，紙筆計算大概得要一天，心算大概得花上一週的時間。

當牽涉到的質數越來越大的時候，計算的時間也隨之增長。目前已知最大的兩個質數，分別都有七百萬位數，儘管這意味著

麻省理工學院

將這兩個質數相乘的計算工作並不是普通台式計算機可以進行的運算，不過只要一點計算能力，你還是可以把答案算出來。但如果反過來計算，那耗時費力的程度是難以想像的。儘管如此，就跟任何挑戰一樣，總是有人願意嘗試。目前在計算的大數，大概會花上三十年的計算機時間才能進行因數分解（參考下節〈破解公開金鑰加密〉）。

質數的操弄就是里維斯特、沙米爾和阿德爾曼三人構思的基礎。他們合夥開設的RSA安全公司（取三人姓氏首字母來命名）更表示，目前使用RSA加密標準的執行程式估計有超過十億以上。其中一種很受歡迎的RSA應用程式，能夠辨識對企業資訊系統進行遠端存取的使用者。使用者透過虛擬專用網路登入其企業系統，這種專用網路就好比一種電子安全通道。每一位使用者都會收到一個具有液晶顯示的密鑰卡，顯示器上可以看到一個六位數字，每三十秒鐘就會改變一次。在進入系統時，使用者調出登入頁面，輸入一個數字代號以辨別身分，然後輸入當時顯示在液晶螢幕上的六位數，再輸入預先設定好的密碼。透過這樣的組合，企業幾乎可以確定登入使用者的身分無誤。

注2：R. Rivest, A. Shamir, L. Adleman. *A Method for Obtaining Digital Signatures and Public-Key Cryptosystems.* Communications of the ACM, Vol. 21(2), 1978, pp.120-126.

公開金鑰加密舉隅

在此簡單舉例說明公開金鑰加密如何運作。我們先選好兩個質數「P」和「Q」。在實際狀況中，這些數字會有數百位之多，不過爲了解釋，在此假設「P」爲11，「Q」爲17。

我們先將「P」和「Q」相乘，得到的積數爲187，這個數字被稱爲「模數」。之後，我們隨機在1至模數之間選一個數字，將它叫做「E」，在此以數字3爲例。

然後，我們需要找到一個數字「D」，讓（D x E）-1可以被（P-1）x（Q-1）整除。在我們的例子中，將（P-1）和（Q-1）相乘（也就是10乘以16）可以得到160，而320可以被160整除（也就是沒有餘數），所以我們可以計算出「D」的數值：

如果 D x E -1 = 320

我們已經知道「E」是3，那麼 D = 107

在這個簡單的例子裡，「D」的數值恰爲整數，讓整個計算過程容易許多。請注意，這並不是「D」唯一的可能數值，因爲我們也可以將「E」設爲不同的數字，或是以480、640或其他數不清的數字代替320來計算。

這看來也許很像填字猜謎，不過就數學而言，如果你不知道「P」和「Q」個別是什麼數字，就幾乎不可能從「D」計算出「E」，或從「E」計算出「D」。

現在讓我們回到公鑰和私鑰。我們與眾人分享的公鑰其實有二，包括模數（P x Q）和數字「E」，在我們的例子中，就是181和3。私鑰是「D」，在我們的例子中是107。既然我們不希望提供「P」和「Q」的個別數值，那麼把模數（P x Q）公布出來看來可能出人意料，不過這種技術的重點就在這裡。假使「P」和「Q」的數值夠大，想要利用模數進行因數分解來找到「P」和「Q」，會需要非常久的時間。

接下來，我們就可以用這些密鑰來替構成訊息的字母進行加密和解密。讓我們先指定每個字母的數字代號，如「A＝1」、「Z＝26」。在替任何字母加密時，我們會繼續作些別的運算。就說我們想要替字母「G」加密，這是字母組的第七個字母，所以我們用數字7來計算。

首先，讓我們以「E」作爲指數、七爲底數來計算。「指數」是一個數學名詞，意指將同一個數字自乘E次，因此指數爲二時，七的兩次方是「7 x 7 ＝ 49」，又稱七的平方；若指數爲三，就是「7 x 7 x 7 ＝ 343」，又稱七的立方。

接下來我們將用到所謂的模運算（又稱同餘），意指你在達到特定模數數値的時候將迴繞。就模運算而言，時間是個很好的例子，是以12爲模數的有效模運算（十點以後五個小時不稱爲十五點而是三點，因爲指針只要走到十二點，就會重新回到零。）

在我們的例子中，我們已經把模數計算出來，也就是P乘以Q的數値187。若用187爲模數來替343進行模運算，會得到156，那麼這個數字就變成字母「G」的數字代碼。

那麼，當我們將數字156和私鑰「D」（在我們的例子中爲107）傳送給收訊人，而收訊人也會以同樣的動作進行解密。收訊人會用同樣的模運算來計算156的107次方，而你可以想像，將156自乘一百零七次的運算成果絕對是非常龐大的數字，而它實際上也是個在四後面接了兩百三十五個零的大數。然而，我們是以模運算來處理，如果我們每遇到187就重新從零計算，那麼計算結果就會得到7，所以7就是解密後的字母——也就是字母「G」。因此我們的收訊人收到了訊息的第一個字母，我們就可以利用同樣的方式繼續將其他部分傳送出去，直到整則訊息都安全傳出爲止。

你可以看到，即使是這個相當簡化的例子都很難理解，因此這種運算會需要功能強大的電腦來進行，也是理所當然的。如果我們舉例時使用現代加密軟體所使用的數字，那麼除非用世界上最強大的電腦來計算，否則根本不可能算出來，我們在接下來的部分就會進行說明。

未解之謎

黃道十二宮殺手

連續殺人犯在報紙上刊登以密碼寫成的信，表示若有人能破譯這密碼，就能知道他的眞實身分。這看起來挺像低成本製作的電影情節，不過這卻是現實生活中發生在1960年代和1970年代加州灣區的眞實故事。

據信灣區至少有七件殺人案是由同一人所犯下，有些人甚至相信，殺手的死亡名單上可能高達三十多人。

殺手與密碼的關係，來自他寄給當地報紙的一系列信件。西元1969年，殺手將三份密文寄給《舊金山紀事報》（*San Francisco Chronicle*）、《瓦列霍時代先驅報》（*Vallejo Times-Herald*）和《舊金山評論報》（*San Francisco Examiner*），並表示密文說明了自己的犯案動機。

這些密碼後來被稱爲「三部組成密碼」，它包括了大概五十個不同的符號，有些符號與代表黃道帶的符號非常類似。這名殺手也因此被稱爲「黃道十二宮殺手」（*Zodiac Killer*）。

由於密碼用到了超過二十六種符號，它應該不是以簡單代換爲基

黃道十二宮殺手的通緝海報（左圖）和來信中的密碼文（右頁上圖）。

礎的做法。然而，一名叫做唐納德・哈爾頓（Donald Harden）的教師和他的妻子設法在幾個小時內破譯了這則密文。密文和明文訊息分別如上圖和底下所示：

我喜歡殺人，因為殺人好玩得很。殺人比獵殺森林裡的野生動物有趣多了，因為人類是世界上最危險的動物。殺生替我帶來快感，這比上了個女的還讚。最棒的是當我死後，我會在天堂重生，那些被我殺掉的人都將成為我的奴隸。我不會把我的名字告訴你，因為你會試著減緩或妨礙我蒐集來世奴隸的工作。

This is the Zodiac speaking

I have become very upset with the people of San Fran Bay Area. They have not complied with my wishes for them to wear some nice ⊕ buttons. I promiced to punish them if they did not comply, by anilating a full School Buss. But now school is out for the summer, so I punished them in an another way. I shot a man sitting in a parked car with a .38.

⊕-12 SFPD-0

The Map coupled with this code will tell you where the bomb is set. You have untill next Fall to dig it up. ⊕

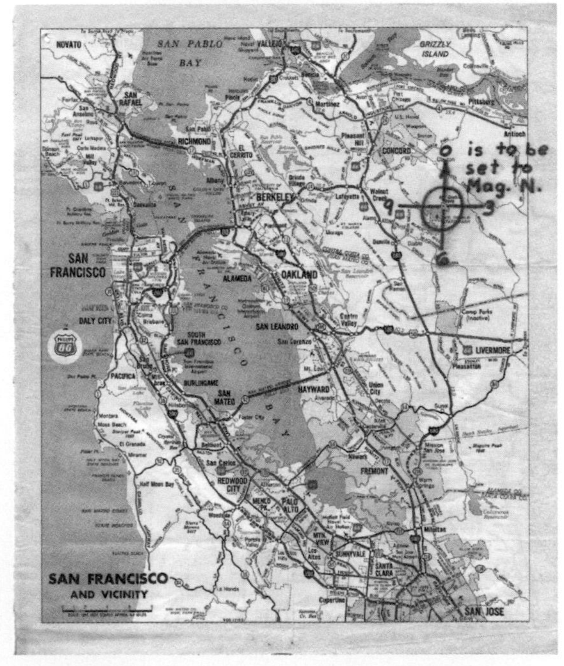

黃道十二宮殺手寫的一封信，以及顯示殺人案件可能案發地點的地圖。

這封密文也包括另外十八個字母，似乎是以同樣的方法進行加密的。在破譯時，哈爾頓夫婦假設殺手會很自我本位地以「I」（我）來開頭，而訊息中也會包括「kill」或「killing」（殺）等字眼。事實證明，他們的假設是正確的。

原來，這個三部組成密碼是以一種同音替代密碼寫成的，其原理如本書第一章所述。這裡面用了好幾個密碼文字母來代表明文中的每一個字母，藉此阻礙想要利用頻度分析來處理的解碼專家。

殺手持續不斷地寄信給地方報紙媒體，有些密文到現在仍未被破解。其中有一則密文，據說包含了殺手的姓名。

在眾多未受破解的密文中，最著名的是一封被稱為「340密碼」的密文。之所以如此稱呼，是因為這則密文包含了三百四十個字元。

這則密文包括六十三種不同的字母，意味著它並不是簡單的單字母代換密碼，因為這種密碼只會包含二十六種不同的字母。儘管許多人都聲稱自己利用多字母手法破解了340密碼，截至目前為止並沒有出現受大多數人接受的解答。解碼專家嘗試了各式各樣不同的方法，企圖破解340密碼，而根據個別行列文字分析字元重複狀況的複雜統計分析，讓有些密碼分析師相信這則340密碼是以一種類似於三部組成密碼的手法製成的，不過加密者部分明文辭彙倒著寫，藉此造成混淆。

殺手通訊於1974年在無預警的狀況下戛然而止。沒有人找到這名殺手，他的身分也沒有被絕對確認下來，仍舊是個謎團。

破解公開金鑰加密

電子前哨基金會的深度解密機破解了第一個RSA密碼。

對解密人員來說，破解以公開金鑰加密系統處理過的訊息，其關鍵在於發訊者選擇的密鑰有多強。就以質數爲基礎的加密而言，倘若選擇的質數並不大，那麼只要心意堅決，即使是業餘密碼分析師都不需要太多時間就可以破解。然而，公開金鑰加密在商業應用上則會使用比上述範例長很多的密鑰。

當人們在網路上談論64位元和128位元加密時，指的是密鑰的長度。64位元（或二進制位）密鑰採用的數字可能高達二十位數。試著想想，倘若要在沒有電腦輔助的狀況下找到數字44019146190022537727的質數，將會是多麼大的工程！（爲了避免你花太多時間計算，這個數字的質數分別是5926535897和7427466391）。

很有趣的是，掌握著這種最常見加密系統的RSA安全公司，經常性地舉辦密碼分析競賽並提供獎項。乍看之下，該公司舉辦這種競賽似乎是很奇怪的事，他們爲何要鼓勵人們破解他們的加密系統？事實上，這種競賽能帶來非常實際的好處：該公司能夠很快地知道密鑰到底要多強才能維持資料的安全無虞。

第一個競賽以因數分解爲題。在1991年初次舉辦時，這個挑戰賽邀請參賽者對十個大數進行因數分解計算。頭兩個數字已經被破解：第一個在2003年十二月計算出來，第二個則在2005年十一月。後者只消五個多月就被破解，不過如果不是因爲解碼人員使用了網路連結電腦系統在短時間內完成計算，它可能得花上超過三十年的處理時間。在剩餘的八個數字中，即使是最小的數字也是一百七十四位數，最大的則是六百一十七位數。挑戰獎金從美金一萬元至二十萬元不等，只要有解碼人員能夠找到這些數字的因數，便可獲得大獎。

該公司在舉辦挑戰賽時曾說：「由於計算這種因數分解需要相當強大的電腦，這些獎金只是象徵性的。我們僅是提供小獎勵，藉此鼓勵大規模的因數分解公開示範。」

找出因數

因數計算有很多種方法。試想我們要算出「12」的因數，可以想像手裡有十二個石頭。

oooooooooooo

這十二個石頭可以用許多種方式均分：

oooooooooooo	12個一組
oooooo oooooo	6個一組，共兩組
oooo oooo oooo	4個一組，共三組
ooo ooo ooo ooo	3個一組，共四組
oo oo oo oo oo oo	2個一組，共六組
o o o o o o o o o o o o	1個一組，共十二組

以上是平均分配十二個石頭的辦法，右欄內的阿拉伯數字表示「12」的可能因數，而數字「1」和「12」是其質因數[3]。

事實上，你可以用同樣的數學方法，將目標數字當作被除數，一一用二以上的整數作爲除數計算，藉此找到能夠將目標數字整除的數字——這些是目標數字的非質因數。這種數學方法叫做「試除法」，是最耗時的一種因數分解方式，因爲你必須嘗試的數字多達目標數字的一半，才能找到所有的因數。（用比目標數字除以二所得之除數還高的數字進行計算是沒有意義的，因爲除了目標數字的質因數以外，都會有餘數，並無法整除。）

用數石頭或試除法的方式計算像是「12」這種數字的因數分解只需要幾秒鐘的時間，不過數字如果大一點，就會需要花上很多時間。目前被當成密鑰來使用的數字，其位數都很高，因數分解這些數字大概得花上一輩子。幸虧解碼人員除了試除法以外，還可以採用其他因數分解方式，不過這些方法通常都會牽涉到非常複雜的數學就是了。

注3：同為質數和因數，稱之為質因數。

解碼人員在因數分解大數時所使用的複雜數學

二十五位數以下的數字，可以利用橢圓曲線法來進行因數分解。橢圓曲線法的數學方程式如下：

$$y^2 = x^3 + ax + b$$

因數是利用曲線上的點和數學上的群論來找到的。

超過五十位數的數字，則會使用二次篩法和數域篩法來計算。

二次篩法主要在於尋找所謂的同餘平方，也就是說，能夠符合下列數學方程式的數字 x 和數字 y：

$$x^2 = y^2 \bmod n$$

方程式中的「modn」指我們用數字「n」來進行模運算（如前面公開金鑰加密的例子所述）。這句話的意思，是說如果我們以「12」爲模數，而「x=12」、「y=24」，那麼這些數字就符合上述方程式。

這個方程式就可以被寫成：

$$x^2 - y^2 = 0 \bmod n$$

利用代數方法，我們就可把方程式的左邊重寫成另一種型式：

$$(x+y) \times (x-y) = 0 \bmod n$$

如果你不相信，試著用「x=3」和「y = 2」計算：$x^2 = 9$，$y^2 = 4$，所以$x^2 - y^2 = 5$，而$(x + y) = 5$，$(x - y) = 1$，兩者相乘又得到5。

這個重寫而得的方程式，意味著在所有可能的x、y數值之中，可能有(x + y)和(x - y)相乘的結果，在利用n爲模數進行模運算時餘數爲零；換言之，可能有兩個數字，在相乘時會得到數字「n」，或者說(x+y)和(x-y)是「n」的因數——也就是我們試圖解開的問題。

我們可以用n=35、x=6和y=1來舉例：

$$x^2 = 36$$

$$y^2 = 1$$

$$x^2 - y^2 = 35$$

在以35爲模數的模運算中，可以將35寫成「0mod35」，這就與我們的方程式相符。接下來，我們計算出 x+y 爲7，x-y 爲5，而這兩個數字實際上也是35的因數，你也可以自己驗證看看，將此兩數字相乘會得到35。

如果我們就此選擇「n」作爲因數分解的對象，我們便可以利用這個技巧找到可能的因數，不過這個過程所需要的時間必然會比我們這裡的例子來得長。對密碼學感興趣的數學家來說，那種緊張刺激的感覺在於某一天，或許有人可以想出更容易的因數分解方法。假使果眞有人發現，那麼人類就必須捨棄現在所使用的加密技巧，因爲這些技巧可能會變得太容易破解。

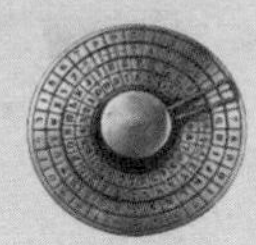

特·定·代·碼

破解愛倫坡在《葛拉翰雜誌》留下的謎題

數學和語言的基礎訓練，讓二十七歲的吉爾・布羅沙（Gil Broza）解開了一個讓密碼專家束手無策長達一百五十年的密碼文字。

這個密碼初次以挑戰的方式出現於1841年十二月號《葛拉翰雜誌》上的一篇文章，作者是密碼愛好者也是小說家的埃德加・愛倫・坡（Edgar Allen Poe, 1809～1849）。愛倫坡邀請讀者以投稿的方式寄出他們的加密文字，讓他來破解。到該系列文章結束的時候，愛倫坡聲稱自己已經把每一封密文都破解了——儘管他並沒有公開發布密文解答。他在該系列的最後一篇文章，刊登了兩則由泰勒先生（W. B. Tyler）寄去的密文，向讀者提出解密挑戰。

這篇密文逐漸被世人所遺忘，直到達特茅斯學院的路易斯・倫扎教授（Louis Renza）提出一個理論，認為這位泰勒先生其實就是愛倫坡本人，才再度點燃了世人對這則密文的興趣。到了1990年代，威廉姆斯學院的蕭恩・羅森海姆（Shawn Rosenheim）在他的著作《密碼想像：從愛倫坡的密寫訊息到網際網路》（*The Cryptographic Imaginations: Secret Writing from Edgar Poe to the Internet*）中，又更進一步地考慮了這個看法。

由於這個研究的刺激，第一則密文終於在1992年由目前於芝加哥的伊利諾大學任教的特倫斯・惠倫（Terence Whalen）解出。根據解密的結果，明文是摘錄自英國作家約瑟夫・艾迪生（Joseph Addison）在1713年發表的劇作，以單字母代換密碼加密而成。

第一則密文的破解，讓解密專家將注意力轉到了第二則身上。到了1998年，羅森海姆向所有解密專家發出挑戰，請大家踴躍解開第二則密文，並提供美金兩千五百元作為解密獎金。

這項挑戰吸引了數千人參加，羅森海姆與其他兩位學者一起仔細檢查了每位參加者提出的解答。西元2000年七月，吉爾・布羅沙提交了他的解答，不過羅森海姆一直到該年十月才接受了這個答案，根據布羅沙的說法，也許「因為他們感到有點震驚，這文字內容與他們的預期相去甚遠」。

令人比較訝異的，也許是英文並非布羅沙的母語。布羅沙在以色列長大，一直到十四歲時才開始閱讀英文文學。布羅沙初次接觸到的密碼，是益智雜誌裡的密碼題。這些謎題是利用代換密碼加密的短文，可以利用頻度分析與詞語模式來破解。他對於數學和語文的喜愛，讓他決定進大學修習數學和計算機科學，並繼續取得計算語言學碩士的學位。

在破解密碼時，布羅沙作了幾個假設。首先，他假設明文是以英文寫成的，由於在1992年破解的第一則密碼文是英文訊息，因此這樣的假設相當合理。其次，布羅沙假設密文中的間隔可以對應到明文的斷字。最後，密文中相似字的重複狀況如「aml」、「anl」和「aol」等令他相信，這是用多字母代換密碼進行加密的訊息。事實則證明，這三個假設都是正確的。

布羅沙連續兩個月每晚辛勤研究，才破解了這則密文。他先用密碼分析家所使用的傳統方法，也就是頻度分析來研究字母和單詞，並且特別試著尋找「the」這個英文字。這樣的做法並沒有太大的幫助。「之後我針對可能的候選單字，試著用電腦程式辨識出更長的單詞和組合。」這些電腦程式的幫助，在於它們能針對具有部分相同字母的不連續密碼單詞組，按網際網路上的單詞清單進行配對，而這些單詞清單也包括拼字遊戲所使用的。

「一個月以後，事實證明這樣的做法都沒有幫助，我於是認為，唯一可能的原因在於加密和移譯時犯了太多錯誤，這是在印刷廠替可能是手寫的密文排版時發生的。由於我有把握密文中每兩三個字就有拼字錯誤的問題，我決定寬容地處理剛開始看似希望渺茫的『the』字代換。」

借助電腦的處理方式，讓布羅沙得到一些看起來像是英文的部分字詞。在辛勤努力研究以後，這則訊息的明文終於被揭露出來：

那是個溫暖又悶熱的早春時節。微風吹拂似乎讓人感受到大自然的慵懶，其中夾雜了各式各樣香氛，有玫瑰、茉莉，也有忍冬和野花。它們慢慢地將那香氣送到戀人依偎著的窗邊。烈日光芒落在她那羞紅的臉頰上，那種柔和的美，更像是浪漫愛情故事的產物，或是夢境的萌發，而不屬於地球上的現實。微風輕拂著她那垂下臉龐的長鬈髮，她的戀人溫柔地看著她，當他意識到那突如其來的陽光時，急忙要拉上窗簾，不過她溫柔地制止了他。「千萬不要，親愛的查爾斯，」她說：「我寧願忍受點陽光，也不要覺得窒息。」

「當完成解密以後，也證實我對於拼字錯誤的假設是正確的── 字母錯誤率大概在百分之七。」布羅沙說道。舉例來說，第一句裡的「warm」一字在加密時被打成「warb」，而第二句的「langour」則變成「langomr」。由於明文是從一本書摘錄而來，因此挑錯成了相當容易的一件事。第一行除了「warm」以外還可能是什麼字呢？如果錯誤更多，或是明文是一則冗長的銀行帳戶號碼，挑錯或許就會成為不可能的任務。

布羅沙的下一個挑戰是什麼呢？「我一直在研究黃道十二宮密碼和理察・費曼（Richard Feynman），同時也看了艾德華・艾爾加的朵拉貝拉密碼（參考本書第88～89頁「未解之謎」介紹），不過我完全卡住了。我花了不少時間研究朵拉貝拉密碼，但事實是，由於它只有八十七個字母，你其實並不能做些什麼。愛倫坡密碼的另一個優點，在於它有相當的樣本量讓我下手研究。」

布羅沙是否認為世界上有無法破解的密碼呢？

「頻度分析、模式與配對──這些都過時了。你如果無法找到其他訣竅，例如竊聽訊息來源或目的地，密文就可能是無可破解的。我個人並不相信世界上有完全無法破解的訊息，不過這完全只是因為訊息的目的在於協助人類通訊，而人是會犯錯的。你只要問問任何用密碼寫日記的小朋友就會懂了。」

數據加密標準

如同RSA公司的因數分解挑戰，類似的密碼分析挑戰也出現在另一種叫做「數據加密標準」（Data Encryption Standard，簡稱DES）的加密系統。在本書付印之際，仍有八則加密訊息尚未破解，幸運破解的解碼師可以獲得美金一萬元的獎金。

數據加密標準最早可回溯到1970年代早期，它的發生是因爲美國國家標準局認爲有必要找到一種方法替政府非屬最高機密的敏感性資訊加密。雖然政府可以使用當時現存的加密方法，它還是要求提案，希望能找到一種安全性極高、容易理解、能爲眾人所取得、能因應各種情勢且具有成本效益的新加密系統。

許多密碼專家都各自提案，不過在國家標準局收到的眾多密碼方法之中，無一令人滿意，因此在1974年末，國家標準局又提出了第二個請求。這次，「國際商業機器股份有限公司」（IBM）霍斯特・費斯妥（Horst Feistel）領導的小組提出了一個符合標準的加密演算法。

西元1976年，官方通過採用數據加密標準法，並在接下來的二十五年間廣泛運用。數據加密標準屬於所謂的分組密碼。在分組密碼法中，待加密訊息會被分解成固定長度的字塊，而就數據加密標準而言，這些字塊的長度是六十四位元（二進制），而之所以選擇這種長度，是因爲當時的硬體在處理此長度字塊的效率最高。

在進行加密時，明文字塊會經過十六回合的處理程序。對每一回合而言，六十四位元的字塊會被分成每組長度三十二位元的左右兩組。此外，在剛開始進行加密時還會選擇另一個密鑰，並以此產生另一個長度四十八位元的次密鑰。

之後，右方字組會以複製部分二進位數的方法擴充到四十八位元，並且在該回合利用異或操作讓這個字組與次密鑰結合，抑或操作的性質可參考本書第四章。接下來，所得到的四十八位元數字會被分成八個字塊，每個字塊有六個二進位數，然後每個字塊再經過置換表（S-box）處理，以將它恢復到四位數。八組字塊的置換表則都是不一樣的。

置換表輸出

如果六位數輸入的數值是「011011」，我們就可以從來自下表的第五置換表找到這個輸出數字。數字的中間四位是「1101」，由最左和最右兩個數字組成的字組爲「01」，於是我們可以從「1101」爲始的欄位往下看，找到與以「01」爲始的行列交會處，因此取自置換表的輸出數字就是表內以粗字表示的「1001」。

外緣位數 \ 中央位數	0000	0001	0010	0011	0100	0101	0110	0111	1000	1001	1100	1011	1100	1101	1110	1111
00	0010	1100	0100	0001	0111	1100	1011	0110	1000	0101	0011	1111	1101	0000	1110	1001
01	1110	1011	0010	1100	0100	0111	1101	0001	0101	0000	1111	1100	0011	**1001**	1000	0110
10	0100	0010	0001	1011	1100	1101	0111	1000	1111	1001	1100	0101	0110	0011	0000	1110
11	1011	1000	1100	0111	0001	1110	0010	1101	0110	1111	0000	1001	1100	0100	0101	0011

因此，我們分別從八個字組獲得四位數，然後再將這些四位數重新組合在一起，得到一個三十二位數。之後，我們再將這個新數字利用異或操作和原數字的左方字組結合起來。如此一來，左右字組都經過切換的處理，我們就可以進行下一回合的操作。最後，待完成十六回合的操作以後，原始輸入完全被搞亂了。在不知道原始密鑰的情況下，破解訊息幾乎是不可能的。不是嗎？

西元1998年，由於數據加密標準幾乎快被破解，美國國家標準技術研究所（國家標準局的後繼組織）提出一個叫做「三重數據加密標準」（Triple DES）的新標準，是一種連續三次使用數據加密標準的系統。西元2002年，該研究所又釋出另一種更先進的版本，稱爲「高階加密標準」（Advanced Encryption Standard，簡稱AES）。

試圖破解數據加密標準者，通常會以「暴力破解法」（或稱「窮舉法」）的方式進行。在數據加密標準計畫之下，用來替明文加密的密鑰爲五十六位數，而二進位數的數值可以是零或一，這就意味著數據加密標準系統可以有256個（或72,057,594,037,927,936個）可能的密鑰。徒手查驗這些密鑰是不可行的，即使是用電腦進行查驗也需要耗費非常多的時間。

數據加密標準和其他密碼一樣，從釋出之始就有人試圖破解。剛開始的時候，密碼分析師設計了虛擬計算機，相信它絕對可以破解數據加密標準。這些密碼分析師試圖證明數據加密標準並非無法攻克，若有充分的經費與時間，就能建造出一台可以破解數據加密標準的電腦。

第一個非虛擬的數據加密標準解密小組，是由來自科羅拉多州山城拉夫蘭的工程師羅克・弗瑟（Rocke Verser）領軍組成。弗瑟並沒有建造什麼機器來破解數據加密標準，而是設計了一套軟體，利用網際網路上所有具有備用處理能力的電腦來達成這項任務。西元1997年，這個系統破解了RSA公司的第一個數據加密標準挑戰，而且只花了九十六天的時間。

在接下來的那一年，電子前哨基金會花了二十五萬美金建造了一台叫做「數據加密標準解密家」（DES

Cracker）的機器，裡面用到了超過一千五百個客製晶片。這台機器也不負眾望，在兩天內破解了數據加密標準。

不論是弗瑟的軟體或數據加密標準解密家，使用的都是暴力破解法：逐一驗證每一個可能的密鑰，直到找到正確密鑰為止。除了暴力破解法以外，尚有其他破解數據加密標準的技巧，例如差分密碼分析，而且這些方法還可能在不必針對每一個密鑰進行驗證的狀況下破解數據加密標準。

差分密碼分析的方法，是利用電腦來分析大量明文以及和用數據加密標準進行加密的對應密文，藉此查驗是否有能夠顯示其初始密鑰的統計模式。然而，這種方法所需要的訊息數仍然是嚇人地高，而利用這種方式來破解密碼，必然是個浩大的工程。

由於公開密鑰加密使用的密鑰長度都很長，而尋找密鑰所需的數學方法又越來越複雜，現代的密碼破解早已超越業餘愛好者的範疇，而成數學家的專門領域。然而，這些利用因數分解大數的高難度所構成的加密系統儘管固若金湯，其中仍舊可能有所破綻。雖然截至目前為止，人們所發現的因數分解方法非常複雜，不過更簡單的破解方法仍舊可能存在。

歸根究底，儘管愛因斯坦相對論所涉及的數學原理極其複雜，從中卻衍生出簡潔的方程式 $E = mc^2$。因此，世界各地的解碼人員都將努力投注在尋找簡單的因數分解方法上面。倘若他們真能成功，那麼利用公開金鑰加密、RSA加密或數據加密標準進行加密的訊息，其安全性就會跟凱撒字母變換加密相當，都很容易破解了。

網際網路安全

雖然我們傳送的許多郵件裡都是寫些微不足道的小事，我們有時候總是會想確定，沒有其他人可以窺探信件內容。舉例來說，如果你在找新工作，你絕對不希望目前的雇主發現這個狀況。

加密電子郵件的方法之一，是利用結合了傳統密碼元素和公開密鑰加密的PGP套裝軟體（Pretty Good Privacy）。PGP是菲利普・齊默曼（Philip R. Zimmermann）開發出來的軟體，在1991年免費提供讓網際網路討論群組Usenet使用。PGP軟體會根據使用者滑鼠移動和打字輸入的方式隨機產生密鑰，之後再用這個密鑰替你的訊息加密。

下一步是使用公開密鑰加密，不過這個軟體並不用公開密鑰來加密訊息，而是用它來加密前一步驟產生的隨機密鑰，並且隨著以隨機密鑰加密的郵件寄出。在收件人收到訊息時，並不會把私鑰拿來解密訊息，而是把它拿來解開隨機密鑰，再用隨機密鑰替附加訊息解密。

PGP在Usenet上的公開，讓齊默曼成爲美國政府犯罪調查的對象，因爲美國政府聲稱，以這種方式公開PGP違反了美國對密碼軟體設下的出口限制。美國政府設下此類限制的原因，是爲了要限制強大密碼技術的普及化。雖然國家安全局的密碼分析師能夠毫無疑問地解開任何利用PGP軟體這種短二進制密鑰加密的訊息，他們卻無法確定自己是否能破解利用長密鑰加密的訊息。美國政府在1996年一月撤銷訴訟，但美國司法部長拒絕對爲何撤銷訴訟的原因作出任何評論。

當你拜訪「安全」網站時也會使用到加密技術。若是瀏覽器右下方出現小型掛鎖符號，就代表這個網站是安全網站，網址以「https」而非「http」開始者亦爲安全

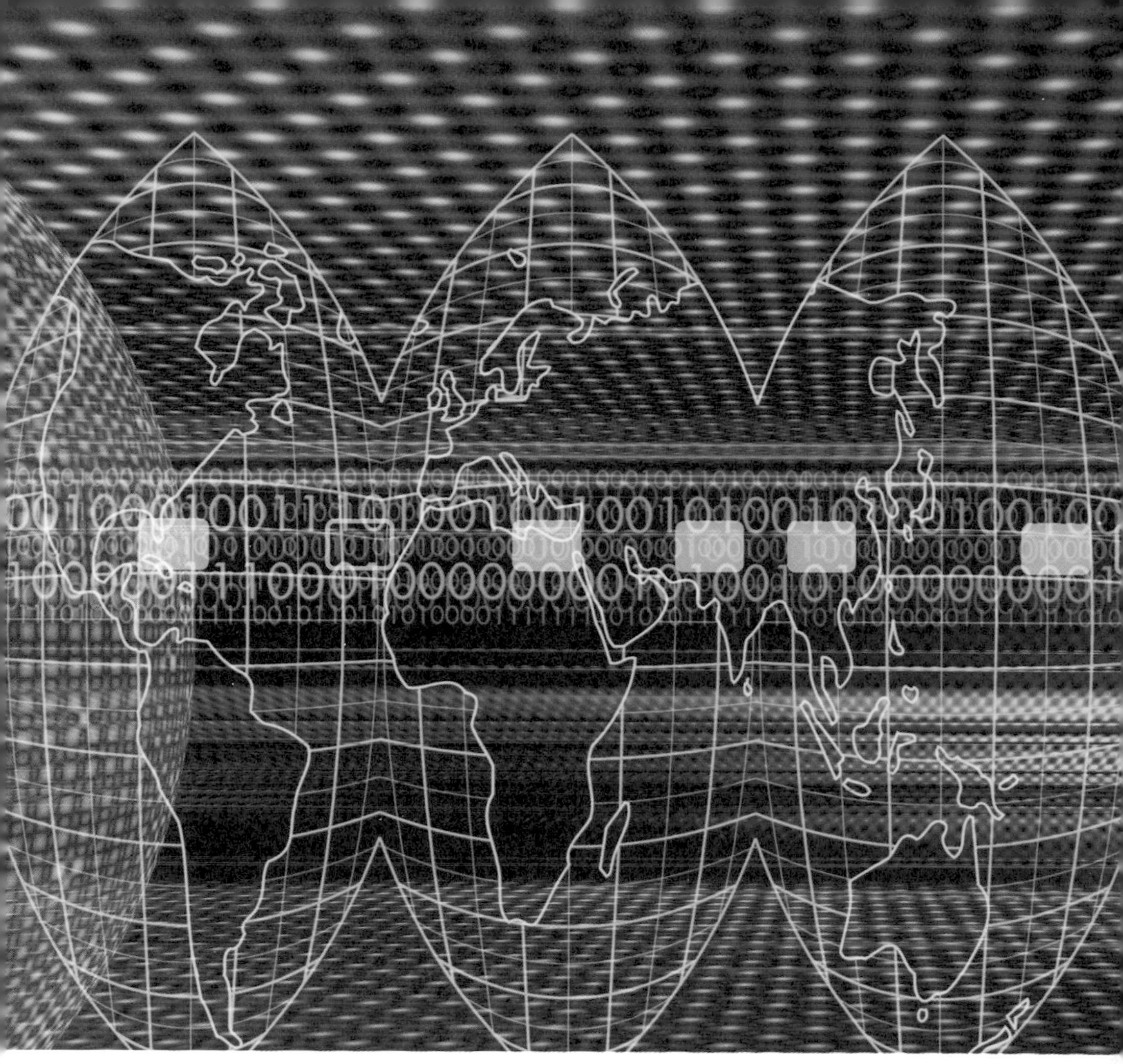

PGP和SSL保障了全球數據資料的網路與電子郵件安全。

網站。此類網站會使用一種叫做「安全套接層」（Secure Sockets Layer，簡稱「SSL協定」）的技術。事實上，SSL技術使用的就是前述的公開金鑰加密，而且通常使用長度一百二十八位元的密鑰，藉此確保你和連線電腦之間的安全連接。舉例來說，假使駭客想要駭進你的銀行帳戶，他所面臨的挑戰和試圖破解利用相同加密技術處理過的訊息是一樣的。

文・化・符・碼

小說裡的密碼與代號

53++!305))6*;4826)4+.)4+);806*;48!8`60))
85;1+(;:+*8!83(88)5*!;46(;88*96*?;8)*+(;4
85);5*!2:*+(;4956*2(5*–4)8`8*;4069285);)6
!8)4++;1(+9;48081;8:8+1;48!85;4)485!52880
6*81(+9;48;(88;4(+?34;48)4+;161;:188;+?;

愛倫坡作品〈金甲蟲〉裡的加密訊息。

美國小說家埃德加・愛倫坡深受代號與密碼所著迷。愛倫坡最著名的小說〈金甲蟲〉（*The Gold Bug*）就是以一則寫在羊皮紙上的密碼訊息為中心。

〈金甲蟲〉的一名主角使用了頻度分析的技巧解讀密文（如下所示），而這則密文似乎提供了線索，引導主角找到海盜基德的祕密寶藏：

一面好鏡子在主教招待所惡魔的椅子四十一度十三分東北偏北最大樹枝第七根椏枝東面從骷髏頭左眼射擊從樹前引一直距線通過子彈延伸五十英尺。

〈金甲蟲〉並非愛倫坡唯一一個有關密碼的作品。在西元1839年至1841年間，他在費城的《亞歷山大使者週刊》和《葛拉翰雜誌》寫了相當多以密碼為主題的文章，並且請他的讀者提供密文讓他破解。他寫道：「讓密碼成為考驗。任何人都可以將密文寄來，我們保證會即刻閱讀，不論它所採用的字母有多罕見或多隨興。」

由於這項請求，愛倫坡收到了相當多的郵件，也在他的專欄裡刊登了許多密文與解答，不過愛倫坡從來沒有揭露自己如何破解這些密文的方法。然而，發表於1843年的〈金甲蟲〉，其故事線可能提供了一些線索，讓我們瞭解愛倫坡是怎麼辦到的。

愛倫坡利用他在《葛拉翰雜誌》的最後一篇文章向讀者提出挑戰，請讀者試著破解據稱是泰勒先生提供的兩則密文。這兩則密文的破解，耗了超過一百五十年的時間。

在亞瑟・柯南・道爾（Arthur Conan Doyle, 1859～1930）的〈跳舞的小人〉（*Adventure of the Dancing Man*）之中，夏洛克・福爾摩斯也面臨了必須以同樣系統解開密碼的挑戰。在這個故事中，一位諾福克鄉紳娶了美國太太，並在太太

亞瑟·柯南·道爾創作了以夏洛克·福爾摩斯為主角的系列偵探小說。

的要求下承諾，永遠不會問她在抵達英國之前的生活。在結婚一年多以後，這位鄉紳之妻接到了一封來自美國的信，而且讀完以後顯然很震驚，不過她卻把信扔進火裡。沒多久，在他們居住的莊園宅第裡，在許多牆面和紙張上，都開始出現一個個跳舞小人的圖像，這情形似乎也讓鄉紳之妻感到非常不安。由於承諾不追問太太的過往，鄉紳請福爾摩斯揭開這些訊息的祕密。在收到幾則訊息以後，福爾摩斯緊急趕往諾福克，卻在抵達時發現鄉紳已被槍殺身亡，而鄉紳的太太則受到重傷。

就跟〈金甲蟲〉的故事一樣，福爾摩斯利用了頻度分析來破譯訊息。不過和〈金甲蟲〉故事主人翁勒格杭不同的是，福爾摩斯手上握有好幾則訊息供他研究這種密碼，而且他也正確地推論出訊息上的旗幟符號代表斷字，這讓解碼工作簡單許多。這幾則訊息也讓福爾摩斯可以使用頻度分析的方式來破譯出第一則訊息，內容顯示為：「我已抵達。阿貝·斯蘭尼。」

福爾摩斯發現這位名叫阿貝·斯蘭尼的美國人在鄰近農場留宿，便使用同樣的加密方式寫了訊息給他。結果，斯蘭尼原來是這位鄉紳太太的前任未婚夫，是名幫派分子，這種跳舞小人的密碼就是這個幫派所發明的。

在另一則故事〈恐怖谷〉（*The Valley of Fear*）中，福爾摩斯收到底下密碼訊息：

534C21312736314172141
DOUGLAS109293537BIRLSTONE
26BIRLSTONE947171

福爾摩斯研究出，第一行的「C2」指第二欄，而「534」是特定書籍的頁數，而之後的數字代表該欄的特定單詞。發訊人原本想要在第二則訊息提供書籍名稱的線索，不過他改變了心意。儘管如此，福爾摩斯還是成功推論出被引以為訊息密鑰的是《惠特克年鑑》，並破解了訊息：

確信有危險即將降臨到一個富紳道格拉斯身上，此人現住在伯爾斯通村伯爾斯通莊園，火急。

作家尼爾·史蒂芬生（Neal Stephenson）一九九九年的作品《編碼寶典》（*Cryptonomicon*）將密碼破解融入小說之中，故事情節環繞著2702特遣小組，一個在第二次世界大戰期間隸屬同盟國的單位，其任務在於破解軸心國的密碼。小組成員包括虛構的密碼分析師勞倫斯・沃特豪斯、有嗎啡癮的海軍士兵巴比・夏弗托，以及在歷史中確切存在的阿蘭・圖靈。這本小說的第二個故事線將時空拉到現代，以這些早期密碼專家的後代為主，看看他們如何致力在一個故事中虛構的國家「基納古塔」，建立起安全的全球資料避難所。

肯・福萊特（Ken Follet）的《麗貝卡之謎》（*The Key to Rebecca*）則是以真實故事為依據。福萊特解釋道：「在1942年，開羅有個以一間船屋為基地的間諜網，成員包括一名肚皮舞孃，以及一名與這名舞孃有染的英軍上校。攸關存亡的信息對當時戰事激烈的沙漠戰場非常重要。」

《麗貝卡之謎》所使用的密碼系統是一次性密碼便箋（參考第四章）。

試想你得將「The British attack at dawn.」（英軍將在黎明發動攻擊）的訊息加密。你可以拿另一段文字當作加密的密鑰，並設法知會收件者。舉例來說，我們可以選「All work and no play makes Jack a dull boy.」（只用功不玩耍，聰明的孩子也變傻）。之後，我們將字母順序編號寫在兩則訊息的每一個字母下方，如下表所示，然後把訊息內同一位置的字母數值相加。若相加所得數值大於26，則減去26，然後再將這些數字結果反譯回相對應的字母（參考下表）。

如此一來，加密處理過後，訊息就成了「Utqygaejgloijmdjnuofpx」。由於收訊者知道用了什麼密鑰，所以只要反向操作就可以完成解密。即使這則訊息被攔截，監聽者還是得知道密鑰才能破譯。在福萊特的小說中，使用的密鑰是達芙妮・杜穆里埃（Daphne du Maurier）的小說《麗貝卡》（又作《蝴蝶夢》）。

小說家丹・布朗也對代號密碼很有研究。他的小說《數位密碼》（*Digital*

字母表內原始位置	T	h	e	B	r	i	t	i	s	h	a	t	t	a	c	k	a	t	d	a	w	n
	20	8	5	2	18	9	20	9	19	8	1	20	20	1	3	11	1	20	4	1	23	14
字母表內關鍵位置	A	l	l	w	o	r	k	a	n	d	n	o	p	l	a	y	m	a	k	e	s	J
	1	12	12	23	15	18	11	1	14	4	14	15	16	12	1	25	13	1	11	5	19	10
總和（不大於26）	21	20	17	25	7	1	5	10	7	12	15	9	10	13	4	10	14	21	15	6	16	24
加密後的字母	U	t	q	y	g	a	e	j	g	l	o	i	j	m	d	j	n	u	o	f	p	x

Fortress）圍繞著美國國家安全局的一台虛擬電腦「譯密機」（TRANSLATR），據稱這台機器可以破解所有密碼，而整個故事就在譯密機遇上它無法破解的密碼時逐漸開展。小說中並未公布密文，雖然文中有出現一些有關加密技巧的暗示，例如將明文顛倒和突變字符串等，不過布朗並沒有詳盡解釋。

《數位密碼》書末也向密碼分析新鮮人提出一個解密挑戰。這則密碼如下所示，是以數字寫成的：

128-10-93-85-10-128-98-112-6-6-25-126-39-1-68-78

要破譯這則密碼，你必須把密碼數字按由上往下之順序排列成一個四乘四的方陣：

128	10	6	39
10	128	6	1
93	98	25	68
85	112	126	78

這些數字指稱的是該書的章節，若把數字用相對應章節的第一個字母代換，就會得到訊息「We are watching you.」（我們正在看著你）。

近年來最著名的密碼小說也許是丹·布朗的另一部作品《達文西密碼》（*The Da Vinci Code*）。在該書中，哈佛大學符號學家羅伯·蘭登破解了一系列與達文西作品相關的密碼。蘭登發現了巴黎羅浮宮館長用自己的血寫下的三行訊息：

達文西的《蒙娜麗莎》是丹·布朗暢銷小說《達文西密碼》一書的眾多線索之一。

13-3-2-21-1-1-8-5
O, draconian devil!
（啊，跛足的聖人！）
Oh, lame saint!
（啊，嚴峻的魔鬼！）

蘭登和另一位法國密碼學家蘇菲·納佛一同破解了第二行與第三行的意義，分別是「Leonardo da Vinci」（達文西）和「The Mona Lisa」（蒙娜麗莎）的相同字母異序詞。在《蒙娜麗莎》這幅作品上，還有手寫的潦草訊息（只有用紫外線照射才會顯現），而這則訊息又讓他們開始為了解開館長謀殺之謎而四處奔波。

結果，第一行數字原來是費氏數列，也是一個瑞士銀行帳戶的密碼。

Vision

展　望

量子密碼學以其不可破解性為標榜，
它是否意味著密碼破譯已走到盡頭？
密碼機正走向量子物理與混沌理論的領域。

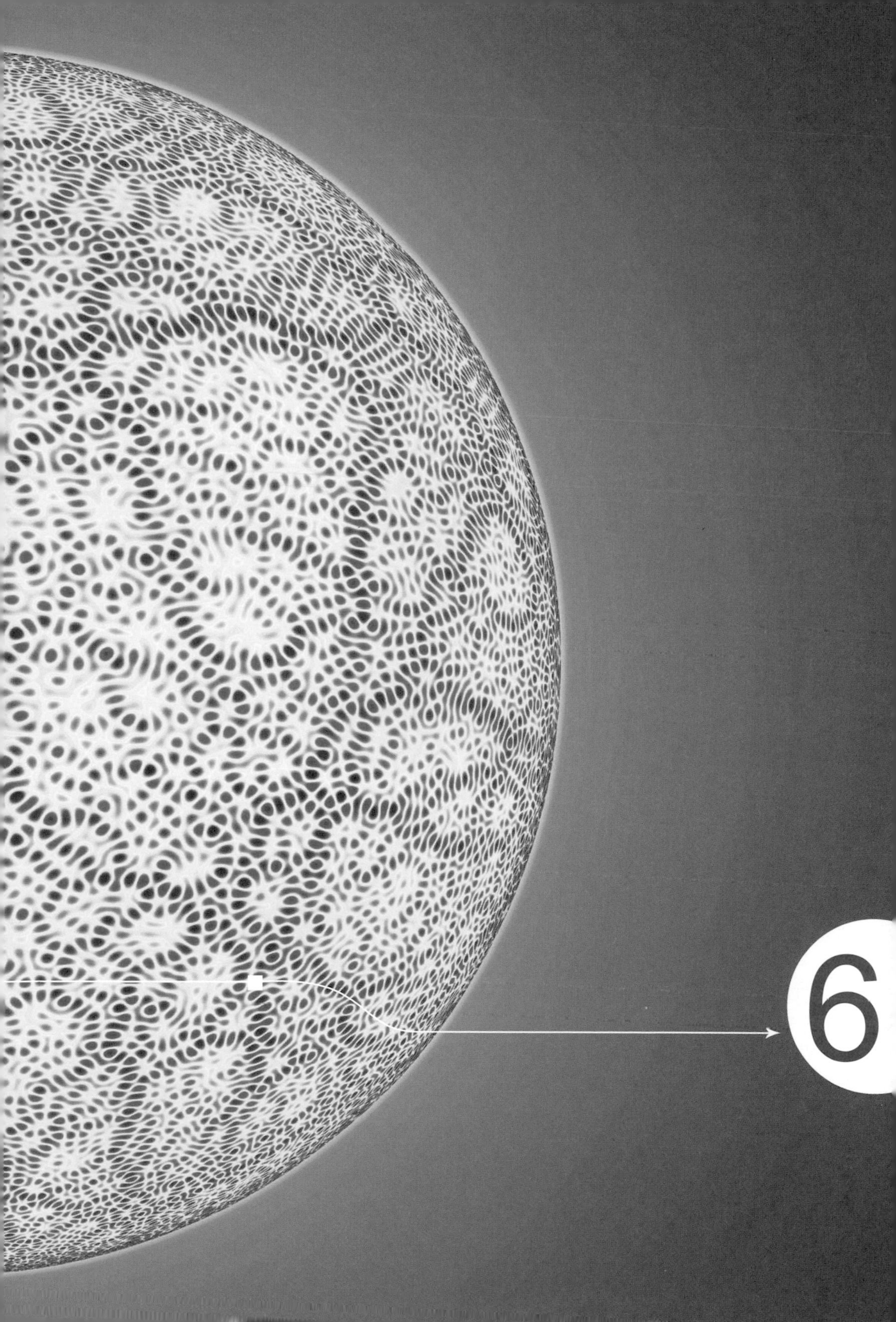
6

西元1979年十月某個天氣晴朗的午後，一名年輕的加拿大科學家吉爾斯・布拉薩德（Gilles Brassard）在波多黎各某間旅館的棕櫚海灘上戲水時，一名陌生人在無預警的狀況下游了過來，並開始和布拉薩德討論起量子物理學。

前頁圖：
利用電腦模型將量子波傳播路徑疊映在球形表面加以顯示，會產生漫波——量子混沌的例子。

「在我的職業生涯中，那大概是最怪誕卻也最奇妙的時刻。」布拉薩德說道。很快地，布氏就發現這名陌生人，是來自紐約的科學家查爾斯・班奈特（Charles Bennett），他和布拉薩德一樣，都是爲了參加電機電子工程師學會在島上舉辦的會議而來。班奈特尤其想要和這位加拿大同事攀談，因爲兩人都對密碼學很感興趣。不消幾個小時，兩人就開始一起構想新概念，開啓了一段永遠改變了密碼學的合作關係。

班奈特和布拉薩德在加勒比海海灘上想出來的概念，很快地就讓他們寫出第一篇以量子密碼爲題的科學論文，發展出一種眞正無法破解的嶄新加密法。

從不可破解性來看，量子密碼可以說是獨一無二的。在密碼的漫長歷史中，幾乎每一種密碼都無法抵抗破譯者的技巧——也許除了冗長又複雜的一次性密碼便箋以外。換成量子密碼就不是這麼回事；它完全以物理學原理爲根據，有著無懈可擊的安全性。

茶杯裡的電腦

量子物理學又稱「量子力學」，是一種能夠成功解釋世界到底如何運行的一種架構。由於物理學領域所探討的範圍極其微小，欲求得亞原子和粒子之間相互作用的正確數學模型，也只有依賴量子力學才可能達成。在經過將近一世紀的實驗挫敗以後，量子力學的正確性如今終於受到證實。

上圖為量子波模型。

儘管如此，我們也不能否認，量子力學是有些奇怪的。簡單舉例來說，一個有名的量子物理學實驗證實，光子可以同時出現在兩個地方（參考第166～ 167頁「特定代碼」介紹）。

這種理論讓人難以接受的原因，或許也在於它所處理的是或然率而非必然性。即使是愛因斯坦，都嚴重懷疑著這種針對固有的不確定性所進行的計算；愛因斯坦在1926年寫信給物理學同行馬克斯・玻恩（Max Born）時曾經表示：「量子力學當然可觀，不過我內心的聲音告訴我，它還不是眞實的東西。」

物理學家布萊恩・考克斯（Brian Cox）則認爲，量子力學之所以難以理解，是因爲一講到量子力學，沒多久就會遇到一個根本的問題，也就是宇宙爲什麼是現在這個樣子。「量子力學表面上眞的會挑戰你的常識，」考克斯說：「你不用做什麼太深入的思考，就會遇上一個困難的問題。對大多數理論來說，那個『爲什麼』是被隱藏起來的，不過在遇到量子力學的時候，你被迫陷入這種深入的學問（例如平行宇宙），因爲它就是這麼奇怪。」

科學家在過去二十年中發現，若能將量子力學中部分異於直覺的層面用來建構出強大的電腦，將能夠獲得驚人的成果。西元1985年，也就是布拉薩德和班奈特發表量子計算論文的隔年，出現了一個可以被視爲重大里程碑的發展。在這一年，牛津大學的傑出科學家大衛・多伊奇（David Deutsch）率先提出了一個通用量子計算機。

多伊奇在他的著作《眞實世界的脈絡》（*The Fabric of Reality*）設想出一台不以古典物理學爲操作層面的電腦，不同於一般日常生活中運用的電腦；這台電腦的運作是在微小的量子層面。多伊奇口中的量子電腦，是一台利用量子力學效應來執行運算的獨特電腦，理論上來說，它所執行的運算是任何一般電腦都不可能達到的。「因此量子運算簡直就是一種利用大自然的獨特新方。」多伊奇寫道。

量子力學與電腦關係最密切的部分，與「態疊加原理」（superposition）有關。這就表示，任何量子元素都可以同時處在好幾種不同的狀態中，而且在有人針對它進行查驗時，結果只會顯示出其中一種狀態。

量子態疊加的現象意味著量子電腦具有無可限量的潛能，而且它的尺寸可能就跟一只茶杯一樣而已。這是因爲在量子力學表現的微小層次上，這些「量子位元」可以有效地同時以「又0又1」的狀態存在，而一般電腦只能以

「非0即1」作爲基本資訊單位（位元）。

這也就表示，在單一量子位元（qubit）上的電腦操作會同時在「0值」和「1值」上運作。舉例來說，一個量子位元可能用一個位於兩種狀態之一的電子代表，讓我們把這兩種狀態分別稱爲「0」或「1」。和一般位元不同的是，量子位元可以同時是「0」和「1」，這是由於態疊加的量子現象之故。

因此，在一個量子位元上進行一項運算時，電腦實際上同時在兩個數值上運算，所以說，以兩個量子位元組成的系統將可以進行四個數值的運算，以此類推。當你增加量子位元數時，電腦的運算能力是呈指數成長的。

「量子纏結」是量子位元的另一種奇異特質。當兩個以上的量子位元互相糾纏在一起的時候，不論這些量子之間的距離有多遠，其量子態都密不可分，事實上是連接在一起的。這種怪異的連動性表示，當你測量了兩個量子其中之一的量子態時，另一個量子的量子態會即刻發生相對應的變化；它們可以暗中彼此影響，所以其中一個量子被測爲「1」的時候，另一個就會是「0」。

由於量子電腦的運算能力大爲提升，各國政府也發現自己因此面臨了相當重大的資訊安全威脅。在大衛・多伊奇以量子電腦爲題發表論文的二十年以來，世界各地的研究人員都對量子電腦展現出相當的狂熱，不過截至目前爲止尚未有人建造出大型量子電腦。儘管如此，研究人員已經開始瞭解該怎麼替這種電腦編寫程式，而且很有趣的是，他們率先發表的程式中，有兩個與密碼分析有關。

第一個與密碼分析相關的量子電腦應用程式出現在西元1994年，紐澤西州貝爾實驗室的彼得・秀爾（Peter Shor）提出量子電腦如何破解密碼系統的方法，例如RSA密碼這種因爲一般電腦難以因數分解大數而受到廣泛運用的加密算法（參考第五章）。

根據估算，用目前的傳統電腦來進行二十五位數的因數分解，大約需要數世紀的時間才能達成。如果應用彼得・秀爾發明的量子技術，可能不消數分鐘便可完成。

這種被稱爲「秀爾運算法」的技術其實相當簡單，而且不需要建造完整量子電腦的硬體設備便可達成。如大衛・多伊奇所言，秀爾運算法的發明可能使量子因數分解機比全能量子電腦還要早出現許多。兩年後，同樣來自貝爾實驗室的洛伐・格羅弗（Lov Grover）提出了另一種可以在冗長清單中進行快速搜尋的量子運算法，是一種讓許多密碼分析師極感興趣的應用程式。

然而，儘管這些進展層出，研究者還是無法將量子運算的理論徹底化爲現實。在1990年代末期，研究人員尼爾・葛申菲爾德（Neil Gershenfeld）和艾薩克・莊（Isaac L. Chuang）對此提出了解釋。他們在《科學人》（*Scientific American*）雜誌上的一篇文章指出，量子系統與其環境之間的任何互動，例如一個原子和另一個原子產生碰撞，幾乎都會構成一種物理觀察。在這種互動發生時，量子的疊加態就會坍塌成單一個確切狀態，使得進一步的量子計算無法發生。「因此，量子電腦的內部運作就必須與外在環境分開，才能夠維持其連貫性。」他們兩人解釋道：「不過它也必須是容易進入使用的，如此一來才能輸入、執行並讀出計算。」

埃爾溫・薛丁格是奧地利物理學家，亦為諾貝爾獎得主，右頁文中提到的「薛丁格之貓」思想實驗就是他所提出的。

特·定·代·碼

貓咪回來了

西元1935年，傑出奧地利物理學家暨諾貝爾獎得獎人埃爾溫·薛丁格（Erwin Schrödinger, 1887～1961）發表了一篇文章，在文中提及一個常被用來說明量子力學中態疊加原理的假想實驗。

在這篇文章中，薛丁格請讀者先想像盒子裡放著一隻貓，然後想像在盒子中，有一個在一小時內有百分之五十機率發生衰變的放射性原子、一個輻射探測器，以及一個含有有毒氣體的燒瓶。如果放射性原子發生衰變，輻射探測器會觸發開關打開放有毒器的燒瓶，進而殺死這隻貓。

顯然，當實驗者在一小時以後打開盒子，可能會看到的情況有兩種，一是未衰變的原子和活貓，另一是衰變的原子和死貓。不過根據態疊加原理，在實驗者打開盒蓋的那一刻之前，這隻貓是同時處於兩種狀態：「又死又活。」（薛丁格並不是說，這種又死又活的狀態實際存在，而是藉此表達出量子力學的不完備，並無法反映現實的狀況，至少就這個例子而言確實如此。）

然而，無論薛丁格怎麼說，態疊加原理的概念並不只是想像而已。事實上，態疊加原理是唯一能夠用來解釋許多現實現象的方法，而且就電腦而言，態疊加原理的可能影響是極其龐大的。

「薛丁格之貓」的思想實驗，圖中顯示該貓處於一種又死又活的狀態（圖中活貓、死貓分別用薑黃色和灰色表示）。

量子密碼學

量子電腦的實際執行可能令人感到棘手，不過它仍舊被視爲通訊安全的潛在威脅。幸好，研究人員和工程師也用自己的量子魔術因應之，利用物理學定律所提供的保護來分發密鑰。

有些量子密鑰分發系統所引以爲據的，是個別光子在穿過空間時的震動角度不同，也就是科學家口中所謂的「極化作用」（polarization，亦稱「偏振」）。

來自一般光源如燈泡的光子，會在所有不同的方向震動，不過如果讓光線通過一種叫做「偏光板」（Polaroid）的特殊濾光器，就可能讓所有穿過濾光器的光子都往同一個方向震動。而這個原理可以被運用在密碼學的領域上。

爲了密碼之目的，可以用兩種方式進行偏振。第一種方式是讓光子水平或垂直偏振，也就是所謂的直線偏振。第二種方式是讓光子從左上到右下或右上到左下的方式進行斜對角偏振。

這些不同的選項可以被用來當作表示一系列量子位元「0值」和「1值」的方式。舉例來說，在直線偏振中，水平偏振（–）可以代表「0」，垂直偏振（|）代表「1」；換成是斜對角偏振，則可以用左上右下偏振（\）代表「0」，用右上左下（/）代表「1」。

用這種方式傳送祕密訊息的優點，在於竊聽者必須事先知道發訊人到底用了何種偏振方法，才能夠正確地測量每一個光子的震動。如果以直線偏振處理特定一光子，那麼只有線性偵測器才能正確地告訴你這個光子代表的是「0」或「1」。如果你錯誤地使用了一個對角線偵測器，那麼你就會以錯誤的方式將這個光子詮釋成「\」或「/」，解析之後依舊不明不白。

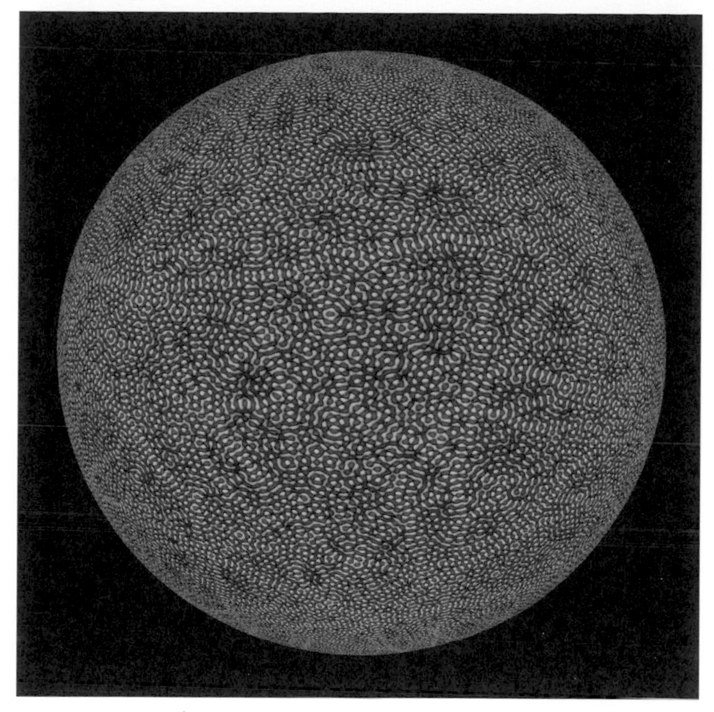

模擬粒子波動行為的電腦模型。根據量子理論，粒子運動時會產生「波列」，而這些波會互相撞擊，產生隨機量子波，是為量子混沌的一個例子。

用這種方式傳送訊息的問題在於，收件者和竊聽者面臨了一模一樣的狀況。在收件者可以正確解讀光子流之前，他必須要知道發訊者到底用了何種偏振方法來處理每一個光子。如果不知道正確的偏振方法，這個訊息就毫無價值可言。

爲了克服這個問題，布拉薩德和班奈特研擬出一種方法，讓光子流不用來代表訊息，而只用來傳遞密鑰。

（➡請見底下「密碼分析」）

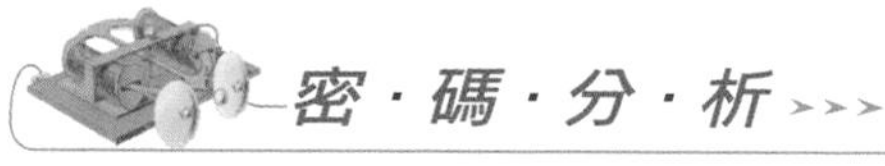

密．碼．分．析 >>>

光子流傳遞密鑰

它是這麼運作的。假設有一個叫做艾莉絲的人想要發送加密訊息，她會傳送出一系列隨機以直線和對角線偏振處理過的光子，代表著「1」和「0」。

假設艾莉絲傳送了六個光子。

艾莉絲的位元順序	1	0	0	1	1	0
偏移順序	X	+	X	+	+	X
傳送的光子	/	–	\	I	I	\

其中「X」為對角線偏振，「+」為直線偏振。

下一步，便是要讓收訊人鮑伯在收到光子以後測量其偏振。測量時，鮑伯會隨機交換使用直線和對角線偏振偵測器，也就是說，有時候鮑伯的選擇會與艾莉絲的選擇相符，有時候則不會。

艾莉絲的位元順序	1	0	0	1	1	0
鮑伯所作的偏振猜測	X	X	+	+	X	X
傳送的光子	/	\	–	I	/	\

你可以發現，鮑伯用偵測器的隨機選擇，讓他得到了三個正確的光子，也就是第一個、第四個和第六個。不過鮑伯的問題在於他並不知道自己猜對了哪些。

若要克服這個問題，艾莉絲和鮑伯只要打通電話即可，如此一來，艾莉絲就可以告訴鮑伯她用了哪些偏振方法處理每個光子。不過這並不需要說明位元是「0」或「1」。

即使有人監聽這段對話也沒有關係，因為艾莉絲並沒有提到自己傳送了哪些部分，只有提到她所使用的偏振方法而已。之後，鮑伯就可以很確定地知道自己答對了第一個、第四個和第六個光子。這樣子，鮑伯和艾莉絲雙方都確知那些位元是什麼，心照不宣，不需要直接討論。這讓鮑伯和艾莉絲可以利用這三個光子（事實上他們會用的光子數目更多）作為密鑰，這些密鑰的安全性就會因為物理學原理而受到保障。

這個系統的優點在於，如果任何人試圖竊聽訊息交流，利用錯誤的方式測量光子將會讓他犯下先前鮑伯所犯下的同樣錯誤。

量子密鑰分配也可以使用「量子纏結」這種兩粒子性質相互影響的特質。在這種由英籍研究人員阿圖爾・埃克特（Artur Ekert）發明的系統中，艾莉絲和鮑伯會使用一對對纏結量子作爲密鑰的基礎。

世上已有幾間公司試圖開發這些系統的商用版本。這些計畫也有政府部門的參與，例如美國國防部高等研究計畫局就資助了第一個在實驗室以外持續運作的量子密碼網路，將美國東北部地區的網站連接起來，歐洲地區的「量子密鑰通信網」計畫也是個例子。

東芝量子資訊小組的負責人安德魯・席爾滋（Andrew Shields）解釋了量子系統所能提供的終極安全性。「我們很有可能已經來到密碼競賽的尾聲，」他說：「只要涉及的物理學定律是有效的，它就絕對安全。」

然而截至目前爲止，量子密碼的眞正限制來自距離，這是因爲利用光纖管長距離傳送光子仍有現實上的問題。量子密鑰的最長傳送距離，迄今仍未超過六十英里（一百公里），也就是說，量子系統只能被運用在單一城市和其周遭地區的通信。

瑞士日內瓦大學量子密碼專家尼可拉斯・吉辛（Nicolas Gisin）表示：「如果你眞的想要將量子密鑰傳送到一百公里遠的地方，你會需要新科技的支援。」能夠儲存光子與其編碼祕密的量子存儲器就是這種新科技的一個例子。要將信息傳送到比較遠的地方，可能可以利用一種中繼系統，將訊息從一安全地點傳送到另一安全地點的方式來處理。

特·定·代·碼

量子密碼學——分身有術

西元1803年冬天，一位年紀三十歲的英籍研究人員湯瑪斯·楊格（Thomas Young, 1773～1829）來到倫敦，在當時世界最傑出的諸位科學家面前進行了一項實驗演示，藉著展現光具有波的性質，向這些人對物理世界本質的觀點提出挑戰。

楊格自小就展現出過人天賦。他在十四歲的時候，已經精通希臘文、拉丁文、法文、義大利文、希伯來文、阿拉伯文、土耳其文等語言；到了十九歲，他開始修習醫學，並在四年以後得到物理學博士的學位。楊格在西元1801年受到任命，成為皇家學會的物理學教授，並在兩年之內發表九十一場演說。

儘管如此，楊格在1803年十一月還是面臨了嚴峻的挑戰，因為即使是牛頓都相信光是由子彈般的微小粒子所形成的。

為了證實他的觀點，楊格讓一位助理拿著一面鏡子，站在演示所在房間的窗外。窗前有一塊活動遮板，遮板上鑽了一個針孔，如此一來，當助理以正確角度擺放鏡子的時候，就會有一道光束穿過針孔並劃過整個黑漆漆的房間，打到對面的牆上。

接下來，楊格拿起一張薄薄的紙片小心放好，讓紙片將光束切成一半。在他這麼做的時候，穿過窗戶打進房間裡的光束，就在對面的牆上形成一條條明暗相間的條紋。

「即使是最有成見的人也無法否認，」楊格告訴他的觀眾，「（觀察到的）條紋的產生是因為兩部分的光互相干涉。」換言之，這種「條紋」模型是因為光波在被紙片一切為二以後進行重組時，兩光波之間互相干擾所致，這和水波相遇時會形成波峰和波谷，是一樣的道理。條紋的亮點是兩光波「波峰」在抵達牆壁時相交所造成，暗點則是因為波峰和波谷相交所致。

湯瑪斯·楊格，曾被譽為「世界上最後一個萬事皆知的人」。

稍後，楊格也把微小光束打在一個穿有兩個針孔的屏幕上，呈現出同樣的條紋效果，這個實驗現在被稱為「雙狹縫實驗」。

在那個年代，科學家知道光具有雙重性——行為像波或粒子，完全按環境而定。在這樣的脈絡下，若從光粒子（也就是光子）的角度來思考楊格的實驗結果，這樣的結果就是光子在穿過狹縫以後產生相互作用所致。

拜現代科技之賜，科學家能夠利用一次只發射一個光子的極微弱光源重複進行楊格的實驗。然而當科學家用一個光子來做實驗時，卻觀察到一個非常迷人的現象。舉例來說，如果研究人員用一小時將一個光子打到屏幕上的速度來進行楊格的雙狹縫實驗，儘管在這樣的情形下，兩個光子顯然無法產生交互作用，一模一樣的「干擾模型」仍然會逐漸顯示出來。這種令人困惑的結果並無法利用古典物理學定律來解釋，不過如果從量子物理學的角度來看，就可能提出兩種可能的解釋。

第一個解釋是光子基本上會同時穿過兩個狹縫，因此產生自我干擾。這樣的解釋乃來自態疊加的概念（參考第158頁）。

其他科學家提出的另一個態疊加解釋，則被稱為「多重世界理論」。從這個觀點來說，當單一光子抵達具有兩個狹縫的屏幕時，光子只會穿過其中一個狹縫，不過接下來會馬上與另一個存在於平行宇宙並穿越另一個狹縫的「鬼」光子發生交互作用。

不論是兩種解釋的哪一種，量子態疊加的概念都對量子電腦意義重大。因為量子電腦的元素可以同時以多重狀態存在，又因為它可以同時在所有不同狀態上作用，所以能夠並聯執行許多運算。

量子密碼設備

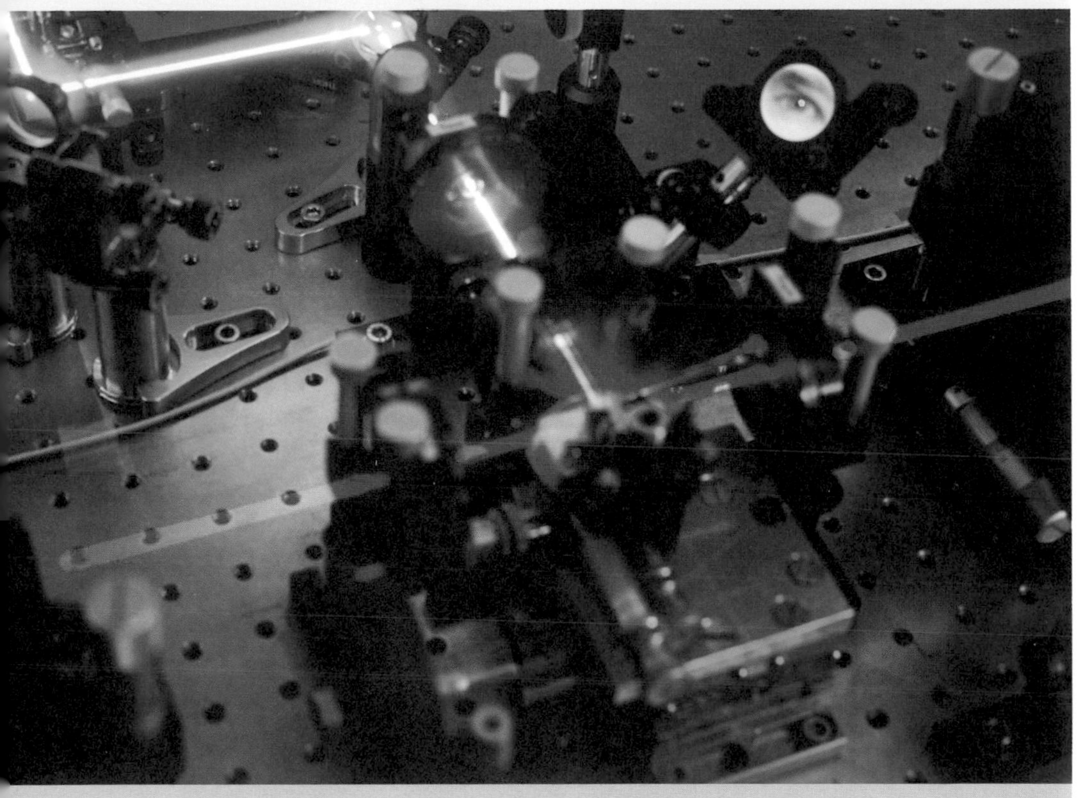

量子漏洞

儘管物理定律可能可以確保利用量子通道配送密鑰的安全性，不過在講到保證資料安全時，密碼其實只是整場戰爭的一部分。

也就是說，量子密碼並無法保護系統免受軟體或硬體漏洞的影響，也無法預防人爲疏失所導致的通訊系統風險。舉例來說，內賊就很難阻止，假如你將祕密資料儲存在隨身碟卻不小心將隨身碟忘在計程車後座，那麼即使量子力學再強也於事無補。

同樣地，眞實世界的量子密碼系統也需要包括非量子的部分，而這些非量子部分都需要以平常的方式來保護。竊聽者可能也會試著利用艾莉絲和鮑伯之間的光纖，將多餘訊號傳進去，藉此造成混淆或損害。

此外，如記者蓋瑞·史帝克斯（Gary Stix）在2005年年初替《科學人》雜誌撰寫了一篇報導所述，量子密碼可能也易受不尋常攻擊所傷害。「竊聽者可能會蓄意破壞收訊者的偵測器，讓收訊者收到的量子位元回漏到一條光纖裡並藉此攔截。」

然而，尼可拉斯·吉辛卻表示，目前研發出來的新一代量子密碼系統可以藉由過濾器的併入，只讓具有適當波長的光波進入接收器，如此一來便可克服許多諸如此類的攻擊，而且這種過濾器也可以確保艾莉絲和鮑伯眞的是在和彼此而非假冒身分的竊聽者通話。

蝴蝶振翅的祕密

不論量子密碼有沒有替密碼家和密碼分析師之間的這場長期戰爭劃下句點，新穎奇異的加密方法仍然層出不窮。舉例來說，一群歐洲研究人員於2005年年末在科學期刊《自然》（*Nature*）發表報告，指出可以運用部分混沌理論來維持電話的祕密性。

混沌理論中能夠被運用在保密的層面，就是所謂的「蝴蝶效應」。這個現象的名稱始自於1972年，美國科學家愛德華・勞侖次（Edward Lorenz）以「可預言性：一隻蝴蝶在巴西拍動翅膀可能在德州引發龍捲風嗎？」爲題發表演講。

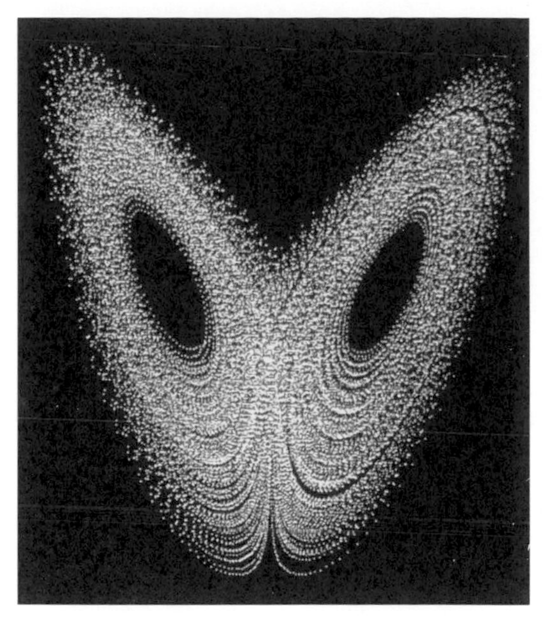

勞侖次吸子是一個用混沌數學理論製作的三維曲線圖。

勞侖次要說明的是，在一個複雜系統如天氣模式等的初始條件中，任何微小變化都可能帶動長期的巨大反應。這些改變完全取決於微小細節，例如蝴蝶拍翅時所產生的風，大多是無法預測的。

這些微小改變所造成的影響看來似乎是隨機的，不過這種表象其實是種誤解。反之，混沌系統如大氣層、太陽系與經濟等都是有模式存在的，而且系統內的不同元素如風速與溫度等之間都具有相互依存的關係。

過去二十多年以來，科學家致力尋找運用混沌理論增進通信安全的方法。其基本概念在於將訊息埋藏在雜亂無章的屏蔽信號中，如此一來，無論是誰，只要無法突破這混沌屏障，就無法取得訊息。

從混亂背景噪音中取出訊息的訣竅，在於準備一台與訊息發射台相配的接收器。

比利時布魯塞爾自由大學的阿蘭・蕭爾（Alan Shore）和其他學者一起在《自然》期刊上發表了一個將這些原則運用在兩組雷射上的系統，其中一組雷射是發射器，另一組爲接收器。

在一般條件下，雷射光絕對與混沌扯不上關係，不過研究人員將雷射組產生的光線導回雷射組本身，藉此製造混沌，刺激它產生許多不同頻率的混合光，這道理與揚聲器產生的回授雜音是有些相似的。

一旦我們將訊息加入這混沌光線中，這則訊息就會變得完全無法解讀，除非它又被打入另一個設定完全一模一樣、能夠製造出同一種反饋的雷射中，才可被解讀出來。若要能順利運行，雷射組必須是以同樣的零組件組成才行。

讓我們從蝴蝶效應的角度來思考這個現象。若兩組不同的雷射要發出同樣的混沌光線，這兩組系統必須從一模一樣的起點開始建造。在這樣的條件下，只要減去傳送訊息的混亂噪音，原始訊息就會顯現出來。

蕭爾和他的同事在《自然》期刊中初次展現這種系統，它可以在希臘雅典一帶七十五英里（一百二十公里）的光纖電纜中安全地傳送訊息，提升了增進電信安全的可能性。更者，這個實驗所能達到的傳輸速率非常高，幾乎達到電信公司可以實際運用的地步。

若要解開捆在混沌訊號中的訊息，竊聽者必須要有辦法分洩掉一部分的混亂光線，同時也要具備與訊息產生裝備一模一樣的另一組雷射。雅典計畫主持人克勞帝歐．米拉索（Claudio Mirasso）在2005年曾說：「任何想要破譯訊息的人，他所知道的必須和加密者一樣多，而且基本上還要具有一模一樣的設備。」

另一位專家拉亞希．羅伊（Rajarshi Roy）則認爲，蕭爾的文章刊登以後，以混沌爲基礎的通訊，其安全層面必須經過更進一步的分析。儘管如此，羅伊仍舊表示，這種混沌理論的應用可能提供「一種隱私，既可補足傳統以軟體爲本的量子密碼系統之不足，又可與之相容」。也就是說，已經利用其他量子方法加密的訊息，可以利用混沌理論，更進一步地隱晦其意涵。

特·定·代·碼

巧克力盒裡的量子密碼學

量子密碼的理論基礎乍看之下可能很複雜，不過奧地利物理學家卡爾·史沃齊爾（Karl Svozil）卻想出一個舞台劇，利用演員、兩副裝了有色鏡片的眼鏡（一紅一綠）和一個裝滿鋁箔紙包巧克力球的碗，說明這個系統如何運作。

史沃齊爾的這場舞台劇，於2005年十月在維也納科技大學首演。史沃齊爾在舞台上安排了兩位演員分別扮演艾莉絲（發訊者）和鮑伯（收訊者），並放上一碗用黑色錫箔紙包起來的巧克力球。

每個巧克力球上面都有顏色不同的兩張貼紙：寫有「0」的紅貼紙代表水平極化光子，寫有「1」的紅貼紙代表垂直極化光子，寫有「0」的綠貼紙代表右斜對角極化光子，寫有「1」的綠貼紙代表左斜對角極化光子。

當舞台劇開始，艾莉絲拋了一枚硬幣，決定要戴哪一副眼鏡。在這裡就說她用了綠色鏡片的眼鏡好了。這就代表了她即將用來傳送光子的極化方法。

艾莉絲隨便從碗裡拿起一個巧克力球——請記住，每個巧克力球上都有兩張貼紙，一紅一綠。綠色鏡片意味著艾莉絲只能看到綠色貼紙上的數字，而非紅色貼紙的數字。艾莉絲會在一塊黑板上寫下她所使用的鏡片顏色，以及她在巧克力球上看到的號碼。之後，就會有一位觀眾成員扮演光子的角色，在艾莉絲和鮑伯之間往返運送巧克力球。

接下來，換鮑伯拋硬幣決定戴哪副眼鏡。儘管他用了哪一副都沒有關係，我們在此假設他用了紅色眼鏡。鮑伯看了看巧克力球，記下他看到的數字和他所使用的鏡片顏色。如果鮑伯用了和艾莉絲一樣的鏡片顏色，他就會看到同樣的數字。

在收到巧克力球以後，鮑伯會用紅色或綠色的旗子把自己使用的鏡片顏色告訴艾莉絲，而艾莉絲也會用自己的旗子，將自己使用的鏡片顏色告訴鮑伯。兩人絕對沒有將巧克力球上的符號告訴對方，如果兩人使用同一顏色的旗子，就會保留那個數字，否則就捨棄該條目。

由於鮑伯只有在和艾莉絲使用相同鏡片顏色時，才會把自己的數字寫下，因此在整個過程重複進行好幾次以後，兩人所寫下的「0」和「1」應該是相同的。兩人會比較幾個符號，藉此確保沒有被竊聽並確定一切無誤，如此一來，他們就得到了一個完美的安全隨機密鑰，可以運用在許多密碼應用之上。

史沃齊爾記得，這齣舞台劇非常受到非專業觀眾歡迎。不過更重要的一點，也許是這些觀眾在離開時能瞭解到，即使他們對量子密碼背後的物理學並不熟悉，過程本身卻和一盒巧克力一樣，很容易就可以消化。

不確定的未來

到了現代，密碼學的領域大多操於物理學家與數學家之手。由於這些科學家願意在科學期刊和會議上發表他們的研究成果，存在於公共領域的代號與密碼資訊也許比以前多出許多。

儘管如此，大多數進展仍舊與往常一般，是關著門進行的。政府機構如美國國家安全局和英國政府通訊分部，都會將解碼和密碼相關資訊緊握著不放，使得預測未來發展成了個愚蠢的遊戲。

對某些人來說，人類數位世界對密碼的依賴與日俱增的情形，已十分令人擔憂。如果政府對密碼的控制讓政府當局能夠取得任何人的個人資料、醫療紀錄或電子郵件，就可能會危害到公民自由。

在這樣的大環境中，變化可能是個唯一的常數，是持續不斷在發生的。因此，我們所能夠做的，就是回顧密碼分析的歷史，從許許多多原本是「無可破解的」密碼中學取教訓。在密碼專家和密碼分析師之間這場永無止境的對抗之中，衝突一方設下的難關最後終將會被另一方躍過。

也許在未來會有那麼一天，解碼師眼中的大數因數分解、量子力學與混沌理論，會像我們現在看待凱撒密碼一樣地簡單。試想上述種種，我們不禁問道：在保密的領域中，人類智慧是否已經達到極限？

唯一合理的答案是否定的。橫跨數千年歷史並且從簡單密碼一直發展到現代物理學範疇的密碼競賽，可能尚未結束。只要有人需要保密、有人想要揭密，傑出但鮮爲人知的密碼終結者就會一直存在於這個世界。

解碼挑戰

現在是你實際運用所學的時刻。接下來的四頁有一系列的解碼挑戰，你會需要回頭到書中找線索，以解開每一個密碼。每一題的答案將會提供線索，幫助你解出下一題挑戰。

最後一題將會需要前六題的答案才能解開。請你盡量獨自找到這些題目的答案，不過如果你真的被難倒了，每一題的答案可以在沃克出版社網站（www.walkerbooks.com）上尋得[1]。

第一題

解密法可參考第一章凱撒密碼。

AXQTGINUGTTSDBINGPCCNXHSTPSGJCWTCRTEGDRAPXBRGNXIP
QDJIIWTHIGTTIHHDBTIDIWTRDBBDCEJAEXIHPCSRGNDJIAXQTGIN
UGTTSDBPCSTCUGPCRWXHTBTCIETDEATPCSHTCPIDGHQTCDIPUU
GXVWITSUANCDIHIPCSHIXUUPBQXIXDCHSTQIXHEPXSIWTLDGSH
DURPTHPGQTUDGTWTUTAALXAADETCIWTCTMISDDG

第二題

解密法可參考第二章維熱納爾密碼。

HXLNSFSXHMGMQPQYKSRBGYTRWDIHBGHJEYMLVXXZPLLTRHTG
HFOYWFCYKUOTYBRIBZBUVYGDIKHZJMYMLMLIISKWBXCPAITVJT
XVHGMBZHMMWLMDPYHMLIUTJUZMMMWTMZPLLMCJHNLUNY
GXCYBPFEYBKLMYCGKSLMBXTHEZMMLIUBLUYJEEGXHZERNHWJK
BYOUQASWXYUN ZFRREFXSPLHXIHMHJSFWXIH

注1：網站頁面中輸入本書英文書名*Codebreaker*搜尋，點入後拉至頁面下方，再點Solution連結即可。

第三題

解密法可參考第三章聯軍路由密碼。

Guard this reveal every great avoided this some cowboy historians straightforwardenemy efforts rows the fills turning table need to read their obfuscation that saucy contended for despite just initial you the non-sense up clue first now attacks technique have emptiness

第四題

解密法可參考第四章ADFGX密碼。

不久前，人們在布萊奇利園找到三封第二次世界大戰期間留下來的書信。它們似乎是用密碼寫成的。

第一封

XAGAXDFAFGFAXGDDFFDDADXGGDFAFFDFFAGAXXDAAXFFXGAX
FDFAFGFGDAAFADADAXAAGXAADFDFFGFFAGADXDDDGAAAAFA
AAFXAAAAGAAAGAAFAFFGGFDAFDDFFFDFDAFFFAXFADFDFFDFF
AXXDDFFGAFADFGDXDADAAGAAFDGFGFAA

第二封

XAGAXXAXXGAFDGFADFDAFXDFXXFFAFGDAFDFFAFFFDFFDXGFD
XFADFAFADFDDXXFAXAFADADFAAADFFADFDFGAXAXGAADDGAF
GGDGAADAFADAXDAAAFAGXGADDDDDDAAFAAFDAFDXFAFGF
AFFFXXDAAADFAFGAAXADAFXDDFFAAXAADAAGAAAAFXDFDXX
AFAADDDD

第三封

XAGAGXFDFAGDAFDFADDAADAFAXAFADXADGAXFGGDGADGDD
DGXFAAFDAFFGGDDFDAFXDDFDDGAGDADD

第五題

解密法可參考第五章公開金鑰加密。

NCWLCBHOJHKOYMWTSUZJDUSANN
UXRLVVKNRUIQWUWZGVAWZFMZL

第六題

解密法可參考第六章。

鮑伯收到一封信，信件內容如下：

A	01000	N	01111
B	01101	O	01011
C	00111	P	11110
D	10111	Q	01100
E	10110	R	10101
F	01110	S	00100
G	11000	T	11011
H	00011	U	10011
I	10010	V	00001
J	10000	W	10001
K	01010	X	01001
L	00010	Y	10100
M	00101	Z	00110

一天之後，他接到艾莉絲的來電說：

+XX++ XX++X +X++X +XX++ +X+XX

而鮑伯回答道：

+XXX+ XXX+X +XX+X ++X++ +++XX

你需要哪些密鑰才能解開最後的挑戰呢？

最後的挑戰

在逛古董店的時候，我們找到了一捆上面蓋有德國國防軍最高統帥部[2]徽章的信件。我們把這捆信買下來帶了回家。其中許多信件內容似乎都不是太重要的事，例如文具訂購與請假等，不過有兩封信特別引人注目，其中一封是寫在黃色信紙上，內容如下：

A	00000	I	01000	Q	10000	Y	11000
B	00001	J	01001	R	10001	Z	11001
C	00010	K	01010	S	10010	*	11010
D	00011	L	01011	T	10011	%	11011
E	00100	M	01100	U	10100	£	11100
F	00101	N	01101	V	10101	&	11101
G	00110	O	01110	W	10110	(	11110
H	00111	P	01111	X	10111	)	11111

另一封引起我們注意的信，上方有幾句英文，之後接著一段似乎是代號的文字，以每欄四字元的方式排列。英文部分如下：

The last key you found on your journey here opens every line of this final cipher. Your final destination is the place made up from the initial letters of the six other keywords and this final keyword. In this place, you will find an unbroken code that many have tried, but all have failed. You have come far; maybe you will be the one to break it.

（你在這段旅程所找到的最後一個密鑰，會幫你揭露最後這則密碼的每一行。你最終目的地的名稱，是由上面六則密文的密鑰首字母，再加上最後這個密鑰所組成。你會在這個地方找到一個尚未被破解的密碼，許多人都曾經試圖破解之，不過他們都失敗了。你已經走了這麼遠，也許你會是破解這則密碼的第一人。）

信中代號如下：

C P G C	& % F K	W M G O	£ M M L
R F U J	Q M J F	* * M Y	C P G £
) (T A	C G J F	A G R K	V
C M R J	D A R &	C P C &	
R % H A	) D J £	£ G O O	
A (F A	U G T &	£ A Q A	

注2：第二次世界大戰期間德軍最高軍事指揮部。

辭彙表

Algorithm 演算法：在密碼學的脈絡中，指用來替訊息加密的一系列步驟。任何特定加密法的細節是由密鑰來確立的。

Caesar Shift 凱撒密碼：利用一字母在字母表位置往後推移數個位置所得的字母，代替該字母在訊息內位置的加密方法。

Cipher 密碼：一種將原始訊息字母以其他字母代替，藉此隱藏訊息意義的方法。

Ciphertext 密文：將密碼用在特定訊息上而得到的文字。

Code 代號（或代碼）：一種將原始訊息文字或文句以代號手冊中的其他文字、文句或符號代替，藉此隱藏訊息的方法。

Cryptanalysis 密碼分析：在不知道特定加密方法的情況下，從密文推論出明文訊息的科學。

Cryptography 密碼學：隱藏訊息意義的科學。

Decipher 解密：將加密訊息回復到原始型式。

Encryption 加密：這個辭彙包含兩個意義：將訊息轉化爲代號，或是將訊息轉化爲密碼。

Frequency Analysis 頻度分析：將特定字母出現在密文的頻率拿來和一般文本之字母出現頻率相比較的技巧。

Homophones 同音詞：在密碼之中，可以用來代替單一字母的數個變化。舉例來說，字母「a」可以用很多不同的字母或數字來代替，而這些代替方案就稱爲「同音詞」。

Key 密鑰：明確規定特定訊息之加密方法的指令，例如密碼字母的排列方式。

Nomenclator 引座員同音替代密碼法：一種又是代號又是密碼的系統，其中包括一系列像是代號的名稱、詞語與音節，再加上一組密碼字母。

Plaintext 明文：被轉化爲密碼之前的原始訊息文字。

Polyalphabetic Cipher 多字母密碼：利用兩種以上的替代字母來替訊息加密的方法。

Pretty Good Privacy （P.G.P.） PGP演算法（中譯：頗佳的隱私）：一種電腦加密運算法。

Quantum Computer 量子電腦：利用量子力學的粒子特質來操控量子位元等資訊的方法。在任何時候，一般位元的數值非0即1，不過量子位元可以又是0又是1。

Quantum Cryptography 量子密碼：一種利用量子力學特性來確保讓竊聽者現形的密碼系統。

RSA加密法：用於PGP演算法的公開金鑰加密法，以其開發者命名——羅納德・里維斯特（Ronald Rivest）、阿迪・沙米爾（Adi Shamir）和倫納德・阿德爾曼（Leonard Adleman）。這種加密法的安全性是基於就計算而言，要找到特定數字的兩個質數並不是件容易的事。

Steganography 隱寫術：將訊息存在的事實完全隱藏的科學，不只是隱藏訊息意義而已。

Substitution Cipher 替代加密：將訊息內每個字母以其他符號代替的密碼系統。

Transposition Cipher 置換加密：將訊息內的每個字母重新排列組合的密碼系統，字母本身維持不變，只有位置改變。

圖片版權：

Richard Burgess（製圖）: 頁22, 36, 50, 51; Science Photo Library: 頁105, 108, 110, 154-155, 157, 161, 163, 166, 167, 169; Getty Images: 頁43, 44, 60, 62-63, 64, 65, 67, 81, 86, 90-91, 93, 111, 112, 113, 121, 128-129, 133, 149, 151; Rex Features: 頁71, 88, 125, 127; Top Foto: 頁29, 61, 99, 101, 104, 115, 116, 119, 125, 126; Mary Evans Picture Library: 頁12, 28, 66, 68; Science & Society Picture Library: 頁73, 100; The Art Archive: 頁8, 18, 25, 31 (上), 32, 33, 41; Réunion des Musées Nationaux: 頁11, 31 (下), 38-39; Beinecke Rare Book and Manuscript Library: 頁53, 54, 55; Photolibrary: 頁6-7; National Security Agency: 頁83

國家圖書館出版品預行編目資料

密碼大揭祕：法老時代到量子世界的密碼全紀錄／史蒂芬・平考克(Stephen Pincock)著；林潔盈譯 —— 初版. —— 臺中市：好讀，2011.06
面： 公分，——（圖說歷史；37）
譯自：Codebreaker：The History of Codes and Ciphers, from the Ancient Pharaohs to Quantum Cryptography
ISBN 978-986-178-185-3（平裝）
1.密碼學 2.解碼 3.歷史
448.761 100004522

好讀出版
圖說歷史37

密碼大揭祕——法老時代到量子世界的密碼全紀錄

Codebreaker: The History of Codes and Ciphers, from the Ancient Pharaohs to Quantum Cryptography

作　　者／史蒂芬・平考克 (Stephen Pincock)
譯　　者／林潔盈
總 編 輯／鄧茵茵
文字編輯／林碧瑩
美術編輯／陳麗蕙
行銷企畫／陳昶文

發 行 所／好讀出版有限公司
台中市407西屯區何厝里19鄰大有街13號
TEL:04-23157795 FAX:04-23144188 http://howdo.morningstar.com.tw
(如對本書編輯或內容有意見，請來電或上網告訴我們)
法律顧問／甘龍強律師
承製／知己圖書股份有限公司 TEL:04-23581803

總經銷／知己圖書股份有限公司
http://www.morningstar.com.tw e-mail:service@morningstar.com.tw
郵政劃撥：15060393 知己圖書股份有限公司
台北公司：台北市106羅斯福路二段95號4樓之3
TEL:02-23672044 FAX:02-23635741
台中公司：台中市407工業區30路1號
TEL:04-23595820 FAX:04-23597123
(如有破損或裝訂錯誤，請寄回知己圖書台中公司更換)

初　版／西元2011年6月15日
定　價／320元

ISBN 978-986-178-185-3

讀者回函

只要寄回本回函，就能不定時收到晨星出版集團最新電子報及相關優惠活動訊息，並有機會參加抽獎，獲得贈書。因此有電子信箱的讀者，千萬別吝於寫上你的信箱地址。

書名：密碼大揭祕——法老時代到量子世界的密碼全紀錄

姓名：＿＿＿＿＿＿＿＿＿＿＿＿＿＿＿＿性別：□男 □女

生日：＿＿＿＿＿年＿＿＿＿＿月＿＿＿＿＿日

教育程度：＿＿＿＿＿＿＿＿＿＿＿＿＿＿＿＿

職業：□學生 □教師 □一般職員 □企業主管

□家庭主婦 □自由業 □醫護 □軍警 □其他＿＿＿＿＿

電子郵件信箱（e-mail）：＿＿＿＿＿＿＿＿＿＿＿＿＿＿＿＿

電話：＿＿＿＿＿＿＿＿＿＿＿＿＿＿＿＿

聯絡地址：□□□

＿＿＿＿＿＿＿＿＿＿＿＿＿＿＿＿

你怎麼發現這本書的？

□學校選書 □書店 □網路書店＿＿＿＿＿＿＿＿

□朋友推薦 □報章雜誌報導 □其他＿＿＿＿＿＿＿＿

買這本書的原因是：＿＿＿＿＿＿＿＿＿＿＿＿＿＿＿＿

□內容題材深得我心 □價格便宜 □封面與內頁設計很優 □其他＿＿＿＿＿

你對這本書還有其他意見嗎？請通通告訴我們：

＿＿＿＿＿＿＿＿＿＿＿＿＿＿＿＿

＿＿＿＿＿＿＿＿＿＿＿＿＿＿＿＿

你購買過幾本好讀的書？（不包括現在這一本）

□沒買過 □1～5本 □6～10本 □11～20本 □太多了

你希望能如何得到更多好讀的出版訊息？

□常寄電子報 □網站常常更新 □常在報章雜誌上看到好讀新書消息

□我有更棒的想法＿＿＿＿＿＿＿＿＿＿＿＿＿＿＿＿

最後請推薦幾個閱讀同好的姓名與E-mail，讓他們也能收到好讀的近期書訊：

＿＿＿＿＿＿＿＿＿＿＿＿＿＿＿＿

＿＿＿＿＿＿＿＿＿＿＿＿＿＿＿＿

我們確實接收到你對好讀的心意了，再次感謝你抽空填寫這份回函，請有空時上網或來信與我們交換意見，好讀出版有限公司編輯部同仁感謝你！

好讀的部落格：http://howdo.morningstar.com.tw/

請填妥後對折黏貼，直接投郵即可，無須貼郵票。

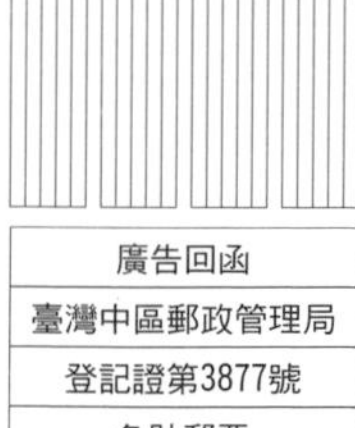

好讀出版有限公司　編輯部收

407 台中市西屯區何厝里大有街13號

電話：04-23157795-6　傳眞：04-23144188

沿虛線對折

購買好讀出版書籍的方法：

一、先請你上晨星網路書店 http://www.morningstar.com.tw
檢索書目或直接在網上購買

二、以郵政劃撥購書，帳號：15060393　戶名：知己圖書股份有限公司
並在通信欄中註明你想買的書名與數量

三、大量訂購者可直接以客服專線洽詢，有專人為您服務：
客服專線：04-23595819轉230　傳真：04-23597123

四、客服信箱：service@morningstar.com.tw

Codes

密碼大揭祕